Emil Bretschneider

Briefe eines Kurländers auf einer Reise nach Indien und China, 1872

Herausgegeben von

Hartmut Walravens

2024

Umschlagbild: *Rafflesia Arnoldii* R.Br.
Wikipedia, Aufnahme auf Sumatra von Luke Triton, 2022.

ISBN 978-3-7583-0285-5

© 2024 by the editor

Bibliografische Information der Deutschen Nationalbibliothek:
Die Deutsche Nationalbibliothek verzeichnet diese Publikation in der
Deutschen Nationalbibliografie; detaillierte bibliografische Daten sind im
Internet über *dnb.dnb.de* abrufbar.

Herstellung und Verlag: BoD – Books on Demand, Norderstedt

Emil Bretschneider (1833–1901)

Inhalt

Einleitung

Emil Bretschneider (*22.6./3.7.[nach Cordier: 4.7.] 1833, †29.4./12.5.1901 St. Petersburg) wurde im Dorf Bankaushof in Kurland als Sohn eines Försters geboren. Nach Absolvierung des Gymnasiums in Mitau immatrikulierte er sich 1853 in der Medizinischen Fakultät der Universität Dorpat, die er 1858 als Dr.med. verließ. In den folgenden beiden Jahren setzte Bretschneider seine Ausbildung im Ausland (Berlin, Wien, Paris) fort. Seit 1860 war er für das Außenministerium tätig und wurde als russischer Gesandtschaftsarzt nach Teheran gesandt. 1866 wurde er in derselben Eigenschaft nach Peking versetzt. Bretschneider, der bereits drei europäische Sprachen gut beherrschte, meisterte das Chinesische mit Hilfe des damals in Peking befindlichen Palladij Kafarov[1] in verhältnismäßig kurzer Zeit. Er beschäftigte sich gründlich mit der historischen Geographie Chinas, den Reisen der Chinesen in den Westen im Mittelalter und auch mit der Geschichte der botanischen Forschungen in China. Als erstes Resultat seines Studiums chinesischer Quellen zur historischen Geographie des Landes wurde 1870 in Shanghai ein Aufsatz Bretschneiders über die alten geographischen Namen Chinas veröffentlicht. 1871 publizierte er eine Arbeit Alte Nachrichten über die Araber, die arabischen Kolonien und die Kolonien anderer Länder in chinesischen Büchern.

1875/76 erweiterte Bretschneider seine Studien der chinesischen, mongolischen und westeuropäischen Quellen zur historischen Geographie und Geschichte Zentralasiens und der Westteile Chinas. Er untersuchte Fragen der mittelalterlichen Geographie, der Geschichte der Beziehungen Chinas zu den Ländern Zentral- und Westasiens und schrieb über die Reisen in den Westen im Mittelalter. Alle Arbeiten waren auf genaues Studium der chinesischen und mongolischen Quellen gegründet.

In Shanghai veröffentlichte Bretschneider 1876 Archäologische und historische Forschungen über Peking und seine Umgebung, in der Folge von Collin de Plancy (1853–?1909) übersetzt und in der Serie der École des langues orientales vivantes herausgegeben und mit einem Preis der Académie des Inscriptions et Belles-Lettres geehrt. Bretschneider beschäftigte sich auch mit Fragen, die mit der Geschichte der russisch-chinesischen Beziehungen zusammenhängen, insbesondere mit den Verhandlungen zwischen beiden Ländern, die in den ersten Jahren der russisch-chinesischen Verbindungen erstrangige Bedeutung hatten. Eine deutsche geographische Zeitschrift

---

1   Vgl. L. Panskayas *Introduction to Palladii's Chinese Literature of the Muslims*.1977, 16ff.; H. Walravens: Schriftenverzeichnis des Archimandriten Palladius (P. I. Kafarov, 1817–1878). *Monumenta Serica* 52.2004, 381–392; *P. I. Kafarov i ego vklad v otečestvennoe vostokovedenie (K 100-letiju so dnja smerti)*. Materialy konferencii. Č. 1–3. Moskva: AN SSSR, Insttut Vostokovedenija 1979. 200, 205, 175 S.

veröffentlichte 1878 seinen Aufsatz Bemerkungen über das Reisen durch Sibirien und die Mongolei nach China, Dieser Artikel wurde in erweiterter Form als Einleitung zum Tagebuch P. Kafarovs verwendet.

Am 14.2.1884 verließ Bretschneider Peking, ging als Staatsrat in Pension, siedelte sich in St.Petersburg an und begann an den monumentalen Arbeiten zu arbeiten, die ihm in der Folge Weltruhm erwarben. Seine zweibändigen *Mediaeval Researches*, die Frucht jahrelangen Studiums verschiedener chinesischer, mongolischer und europäischer Quellen, ist eine Zusammenstellung gründlich kommentierten Materials.

Als Anfang des zweiten Hauptwerks, vielmehr dreier Arbeiten unter dem gemeinsamen Titel *Botanicon Sinicum*, kann man die botanischen Forschungen Bretschneiders in den Bergen bei Peking, und in Verbindung damit die Untersuchungen der chinesischen und europäischen Literatur zur Flora Chinas rechnen. Die „Chinesische Botanik" besteht aus drei selbständigen Teilen: Der erste ist eine ausführliche Übersicht der chinesischen Literatur zur botanischen Erforschung des Landes. Für den zweiten Teil (Botanik der chinesischen Klassiker) mußte Bretschneider die gesamte klassische Literatur durcharbeiten, teils im Original, teils in Übersetzung. Alle drei Bände kamen in Shanghai heraus – 1881, 1892 und 1895.

1898 erschien seine umfassende *History of European botanical discoveries in China* in zwei Bänden, in der die Erforschung der Flora Chinas durch die Europäer von der Zeit der Reise Marco Polos bis zum Ende des 19. Jahrhunderts dargestellt wird. Es werden biographische Nachrichten über 650 Reisende und Botaniker gegeben, die sich mit der Erforschung der Pflanzenwelt Chinas beschäftigt haben, Mitteilungen über die Reiserouten, die gemachten Sammlungen usw. gemacht. Die Russische Geographische Gesellschaft hat dieses Werk mit der Semenov-Medaille ausgezeichnet.

Die reichen Herbarien Bretschneiders, die er an den Botanischen Garten in St.Petersburg geschickt hatte, sind eine wertvolle Sammlung, die von Carl Maximowicz[2] durchgearbeitet worden ist. Außerdem sandte Bretschneider an den Botanischen Garten Samen, Früchte und Proben von Holzarten. Samen und Pflanzen schickte er auch an botanische Gärten Europas, Amerikas und andere Gelehrte (Paris, London Boston, Berlin). Henri Cordier zitiert in seinem Nachruf auf Bretschneider die Worte des Sinologen Parker[3], der über

---

2   Carl Maximowicz (Tula 1827–1891 St. Petersburg) studierte Medizin und Botanik in Dorpat 1845–1850 und verbrachte 1853–1864 auf botanischen Forschungsreisen. Er war Mitglied der Akademie der Wissenschaften und seit 1869 Direktor des Petersburger Botanischen Gartens. Vgl. Bretschneider: *History of European botanical discoveries*, 581–611, 1066–1075.

3   Edward Harper Parker (1849–1926), britischer Konsul in China, seit 1901 Professor für Chinesisch in Manchester. Vgl. E. T. C. Werner: Prof. E. H. Parker. *Journal of the North China Branch of the Royal Asiatic Society* 57.1926, I–VI.

Bretschneider und Bushell[4] gesagt hat: „Neither of these gentlemen is a professed sinologue (a word which may be defined as a murderer of the Chinese language, always on the lookout to slay his kind), but both of them have contributed more to accurate sinology than some others who „profess to much".“

Die Arbeiten Bretschneiders wurden in Rußland nicht sehr bekannt wegen ihrer bibliographischen Seltenheit und wurden kaum in historischen Werken zitiert.

Bretschneider lebte von 1866 bis 1883 durchgehend – nur unterbrochen durch Urlaub in den Jahren 1871/72 und 1878 – in Peking. 1886 wurde er zum korrespondierenden Mitglied des Institut de France (Académie des Inscriptions et Belles Lettres) ernannt. Auch war er Korrespondent der Société de Geographie in Paris. Er war Inhaber des Stanislaus-Ordens 2.Kl., des St.Annen-Ordens 2.Kl. mit Stern und des persischen Löwen- und Sonnen-Ordens 3.Kl.

Eine Auswahl aus den Bretschneider-Alben im Institut für Orientalische Handschriften der Akademie der Wissenschaften in St. Petersburg gab Vitaly Naumkin mit einer Einleitung von K. Y. Solonin heraus (*19th century paintings of life in China*. Reading: Garnet 1995) heraus. Es handelt sich dabei um in der 2. Hälfte des 19. Jahrhunderts beliebte Malereien auf Reispapier, die Darstellungen zu vielfachen Bereichen des chinesischen Lebens enthielten, von Kleidung, Medizin, Recht, Begräbnis bis zu Unterhaltung, eine Fülle von Genre-Szenen.

Der im Folgenden wiedergegebene Bericht über die Rückreise von seinem Europaurlaub 1871/72 hat seinen Schwerpunkt auf Indien und Indonesien und stellt den Abschluß von Bretschneiders Weltreise dar, die ihn zunächst von China über die USA nach Kurland geführt hatte. Sie zeigt ihn von einer persönlichen Seite und nicht in erster Linie als Wissenschaftler. Freilich verleugnet er dabei den Naturforscher nicht, und so erhält der Leser zuverlässige Information besonders über die Pflanzenwelt, insbesondere über den Garten des Herrn „Whampoa" in Singapore und den Botanischen Garten zu Bogor.
Der Reisebericht erschien in Fortsetzungen in der *Rigaschen Zeitung*, beginnend in Nr. 68 vom 23.3. und endend in Nr. 202 vom 1.9.1872.

4　　Stephen Wootton Bushell (Ash [UK] 1844–1908 Harrow), britischer Gesandtschaftsarzt in Peking 1868–1900. Vgl. H. Cordier: S. W. Bushell. *T'oung Pao* 9.1908, 596–597.

Schriftenverzeichnis

1868

1   [Neuigkeiten der chinesischen Literatur auf dem Gebiete der Geographie.] Piśma iz Pekina. Piśmo I.
Izvestija Russkogo Geografičeskogo Obščestva 4.1868, otd. 2, S. 198–210
Pekin, 4-go Nojabrja 1867 g. Ė. Bretšnejder.
Briefe aus Peking. Brief 1.

1869

2   Names of woods used in building [frz.].
N&Q [*Notes & Queries on China and Japan*] 3.1869, 40
Pékin, 10 févr.1869. B.

3   Chinese names of plants.
N&Q 3.1869, 62–63
Pékin, 25 mars 1869. B.

4   The Chun 椿 tree [*Cedrela sinensis* A.Juss., Meliaceae].
N&Q 3.1869, 73
Péking, le 20 avril 1869. B.

5   The Kow Ki [*gouqi* 枸杞, *Lycium chinense* Bge.] plant.
N&Q 3.1869, 46
Pékin, 10 févr. 1869. B.

6   Les palmiers de la Chine.
N&Q 3.1869, 139–142, 150–152
E. Bretschneider Pékin, le 15 août 1869

1870

7   Ta-Ts'in-Kuo [Da Qin guo] 大秦國. By E. Bretschneider, M.D.
Chinese Recorder 3.1870/71, 29–31
Peking, 4th May, 1870

8   Fu-sang, or who discovered America? By E. Bretschneider, Esq., M.D.
Chinese Recorder 3.1870/71,114–120
Peking, 13th June,1870

9   The study and value of Chinese botanical works. By E. Bretschneider , Esq., M.D.
Chinese Recorder 3.1870/71, 157–163, 172–178, 218–227, 241–249, 264–272, 281–294, 8 Abb.

Sonderdruck:
On the study and value of Chinese botanical works, with notes on the history of plants and geographical botany from Chinese sources.
1871. 51 S., 8 Abb. [Mit Ergänzungen]

Foochow, Dec.17, 1870

Zu S. 221 des Zeitschriftenabdrucks:
Star anise and fennel.
Chinese Recorder 3.1870/71, 258

Amoy. B. Caldroni
Chinesische Übersetzung von Shi:

Zhongguo zhiwuxue wenxian pinglun 中國植物學文獻評論. Shanghai: Guoli bianyiguan 國立編譯館, 1935. 7,82 S. Übersetzung: 石聲漢 Shi Shenghan.

10   When was Babylon destroyed? Reply to Mr. Phillips. By E. Bretschneider, Esq., M.D.
Chinese Recorder 3.1870/71, 252–253 Peking, 29th Sept., 1870

11   The sacred fig tree near Gaya in Bahar.
Chinese Recorder 3.1870/71, 361

E. Bretschneider, M.D.

12   Chinese ancient geographical names. By E. Bretschneider.
N&Q 4.1870, 49–61, 104–113, 125

13   Shi-mi and Yu-kin-siang 石蜜 鬱金香 (N. & Q. IV, p. 55 & 56)
N&Q 4.1870, 97–98
E. Bretschneider

14   Chinese names for saffron.
N&Q 4.1870, 138 139
Peking, 8th Sept., 1870. E. Bretschneider

15   Products of Western Asia and Eastern Africa mentioned in Chinese ancient historical works.
N&Q 4.1870, 145–147

E. Bretschneider

1871

16   *On the knowledge possessed by the ancient Chinese of the Arabs and
        Arabian colonies, and other Western countries mentioned in Chinese books.*
        By E. Bretschneider, M.D.
        London: Trübner 1871. 27 S. 8°

1872

17   [Rez.] Reisen in den russischen Besitzungen am Ussuri in den Jahren
        1867–1869 von N. Przewalsky. Nebst einer Karte. St.Petersburg 1870.
        356 S.
        Mitteilungen der K. K. Geographischen Gesellschaft in Wien 15. 1872, 43–48
        E. B.

1873

18   Irrthümliche Auffassung chinesischer Dinge in Europa.
        Das Ausland 1873, 265–270
        Peking, den 13. September 1873. E. B.

1874

19   Restoration of a dethroned king.
        Chinese Recorder 5.1874, 367
        Peking, November 7th, 1874. E. B.
        [Über Haithon I.]

1875

20   Gora Bo-chua-šań v okrestnostjach Pekina.
        *Izvestija Russkogo Geografičeskogo Obščestva.*11.1875, geogr.
        izvestija, 151–152
        „Zamětka èta objazatel'no soobščena ... F. R. Osten-Sakenom.“
        Der Berg Po-hua-shan in der Umgebung von Peking.
        [Reise 1874.]

21   *Notes on Chinese mediaeval travellers to the West.* By E.
        Bretschneider, M.D.
        Shanghai: American Presbyterian Mission Press 1875. 11,130 S. 8°
        Sonderdruck aus *Chinese Recorder* 5.1874, 113–126, 173–199, 236–252,
        304–327; 6.1875, 1–22, 81–104
        Dem Archimandriten Palladius gewidmet [nach Cordier].
        Rez.:
        Chinese Recorder 7.1876, 309–310

22   Chinesische Reisende des Mittelalters nach West-Asien. Von
        Dr. E. Bretschneider in Peking.

Petermanns Geographische Mitteilungen 1875, 372–376.
Resümee von Nr 21.

1876

23 *Die Pekinger Ebene und das benachbarte Gebirgsland.* Von Dr. E.
Bretschneider, Arzt der kaiserl. russischen Gesandtschaft in
Peking. Mit einer Originalkarte.
Gotha: J. Perthes 1876. 42 S., 1 Kt.4°
(Petermanns Geographische Mitteilungen. Ergänzungsheft.46.)
Originalkarte der Ebene von Peking und des Gebirgslandes im Westen
und Norden der Capitale. Zusammengestellt meist nach eigenen
Beobachtungen von Dr. E. Bretschneider, 1875.
1:400 000. Red. von A. Petermann, autogr. von B. Domann.
Gotha: Justus Perthes 1876. 1 fol. 400 x 255
Rez. :
Chinese Recorder 7.1876, 309–310

24 Pekinskaja ravnina i sosednjaja gornaja strana. (Per. s nem.)
Istoriko-Statističeskija svědenija o Sibiri 2.1876:1, 1–24
Übersetzung von Nr 23.

25 *Archaeological and historical researches on Peking and its environs.*
By E. Bretschneider, M.D., physician to the Russian
Legation at Peking.
Shanghai: American Presbyterian Mission Press 1876. 63 S., 4 Taf. 8°
Sonderdruck aus *Chinese Recorder* 6.1875, 161–181, 307–322, 377–401.
Rez.:
Chinese Recorder 7.1876, 150
China Review 5.1876/77, 383–386 (O. F. von Möllendorff: Ancient
Peking)

26 Chinese intercourse with the countries of Central &
Western Asia during the fifteenth Century.
China Review 4.1875/76, 312–317, 385–394
          5.1876/77, 13 40, 109–132, 165–214, 227–241
Sonderdruck: O.O. 1876. Chinesische Zeichen sind nur im
Zeitschriftenabdruck, nicht im Sonderdruck enthalten.

27 *Chinesische Reisende des Mittelalters nach West-Asien.*
O.O.1876. 376 S.
          Zitiert nach dem *National Union Catalog.* Hier handelt es sich
          entweder um einen nicht korrekt aufgenommenen Sonderdruck

von Nr 22, oder um eine MS-Übersetzung von Nr 21. Das betr.
Exemplar befindet sich in der Cleveland Public Library.

28 The latest discussion of Fusang, by T. Simson and E. Bretschneider.
In: C. G. Leland: *Fusang, or, The discovery of America by Chinese Buddhist priests in the fifth Century.*
New York: J. W. Bouton 1876. 212 S.

29 *Notices of the mediaeval geography and history of Central and Western Asia.*
Drawn from Chinese and Mongol writings, compared with the
observations of Western authors in the Middle Ages. By E.
Bretschneider, M.D., physician to the Russian Legation at Peking.
Accompanied with two maps.
London: Trübner & Co.1876. IV,233 S.8°
  Aus: *Journal of the North China Branch of the Royal Asiatic
  Society.*10.1876, 75–307
  „Read before the Society, on November 29th,1875.“
  Appendix:
1 The journey of Haithon, king of Little Armenia, to Mongolia,
A.D.1254–1255. [297]–302
2 The peregrinations of Ye-lü Hi-liang [耶律希亮 Yelu Xiliang] in
Central Asia, A.D.1260–1262. Translated from his biography in the
Yüan Shi, chap. CLXXX. 302–307
  Karten:
  Yuan jingshi dadian xibei dili tu 元經世大典西北地理圖

  Map from the King shi ta tien [*Jingshi dadian* 經世大典],
  published A.D.1331. Representing the Mongol dominions in
  Central & Western Asia.
  Rez.:
  Chinese Recorder 7.1876, 301–302

30 *The plain of Peking and the neighbouring hill country.* Translated from
the German of Petermann's „Geographische
Mitteilungen“ (Supplementary no.46, 1876). By N. E. With a
map.
Simla: Government Central Branch Press 1876. 134 S. 8°
  Vgl. Nr 23.

31 Über das Land Fu-sang [扶桑]. Nach den alten chinesischen
Berichten. Von E. Bretschneider.

Mitteilungen der Deutschen Gesellschaft für Natur- und Völkerkunde Ostasiens 1876:11, 1–11

32 Elucidations of Marco Polo's Travels in North China, drawn from Chinese sources, by the archimandrite Palladius.
Journal of the North China Branch of the Royal Asiatic Society 10.1876, 1–54
> Nach J. C. Ferguson (*China Journal* 13.1930, 246–250) stammt die Übersetzung von Bretschneider.

1877

33 Russian sinologists.
*China Review.*6.1877/78, 73
E. Bretschneider
[Über Leont'evskijs Übersetzung einer Ode Gavriil Deržavins (1743–1816).]

34 Portuguese from Macao in Peking in the first quarter of the 17th Century.
China Review 6.1877/78, 339–342
E. Bretschneider

1878

35 Erläuternde Bemerkungen zu einer der Esthnischen Gelehrten Gesellschaft zu Dorpat vorgelegten Sammlung von alten chinesischen Münzen. (214 Stück.)
Verhandlungen der Esthnischen Gelehrten Gesellschaft 1878.
Angabe nach N. I. Kuznecov: Spisok statej i sočinenij doktora Bretšnejdera. *Otčet Imp. Russk. geogr. Ob-va za 1899*, pril., 16–18.
Am angegebenen Ort nicht ermittelt.

36 Bemerkungen über das Reisen von Sibirien durch die Mongolei nach China.
Deutsche Geographische Blätter 1878, 189–194
Peking, Februar 1878. Dr. E. Bretschneider.

1879

37 *Recherches archéologiques et historiques sur Pékin et ses environs* par M. le docteur E. Bretschneider. Ouvrage couronné par l'Académie des inscriptions et belles-lettres. Traduction française par V. Collin de Plancy, interprète de la légation de France à Pékin.
Paris: Ernest Leroux 1879. 133 S., 6 Taf.8°

(Publications de l'École des langues orientales vivantes.12.)

1881

38   *Early European researches into the flora of China.* By E. Bretschneider, M.D.,
     physician of the Russian Legation at Peking.
     Shanghai: American Presbyterian Mission Press 1881. 194 S. 8°
     Read before the Society on the 19th November,1880.
     Sonderdruck aus *Journal of the North China Branch of the Royal Asiatic
     Society* 15.1881, 1–194
     Rez.:
     Journal of botany, British & foreign 20.1882, 248–251 (J. Britten)

39   Notes on some botanical questions connected with the export
     trade of China. By E. Bretschneider, M.D.
     Shanghai 1881. 14 S. 8°
     Peking, 7th December 1880.
     Aus *North China Herald* [Jan. 1881]

40. On Chinese silkworm trees. By E. Bretschneider, M.D.
     Shanghai 1881. 9 S. 8°
     Peking, 26th May 1881.
     Aus *North China Herald* [Juni?] 1881.

41. Dr. Hance's botanical notices [über Sternanis].
     China Review 9.1880/81, 248–249
     E. Bretschneider
     Zu: H. F. Hance: Botanical notes.
     China Review 9.1880/81, 248–249
     Dazu auch: Botanical notes.
     Ebda., 318–319
     H. Kopsch

1882

42   Plantes de Pékin. Lettre adressée à M. le Secrétaire Générale.
     Pékin, le 20 novembre 1881.
     Bulletin de la Societé nationale d'acclimatation de France
     III,9.1882, 579–581
     Mit Liste übersandter Samen.
     S. 580 gez.: E. Bretschneider

43   *Botanicon Sinicum.* [I] Notes on Chinese botany from native
     and Western sources. By E. Bretschneider, M.D.

Journal of the North China Branch of the Royal Asiatic Society 16.1882, 18–230
Sonderdruck: London: Trübner 1882. 228 S.
223–228: Appendix: Celebrated mountains of China.
Rez.:
Revue de l'Extreme-Orient 1.1882, 323 (H. Cordier)
Gardener's chronicle N.S.19.1883, 687–688 (W. B. Hemsley: Chinese botanical literature)

1883

44   Histoire des études chinois. I. Notes pour servir à une biographie de feu l'archimandrite Palladius.
Revue de l'Extreme-Orient 1.1883, 9–15
„Notes venant du Dr. Bretschneider."

1888

45   *Mediaeval researches from Eastern Asiatic sources. Fragments towards the knowledge of the geography and history of Central and Western Asia from the 13th to the 17th Century.* By E. Bretschneider, M.D.... London: Trübner 1888.
XII, 334; X, 352 S., 2 Kt.8°
(Trübner's Oriental Series.)
1 With a map of Middle Asia.
2 With a reproduction of a Chinese mediaeval map of Central and Western Asia.
Die Karten sind betitelt:
[1] A map of the middle part of Asia to illustrate the narratives of Chinese mediaeval travellers to the West.
[2] Map from the King shi ta tien [*Jingshi dadian*], published A.D.1331, representing the Mongol dominions in Central and Western Asia.
Vorw. dat.: St.Petersburg, December 7, 1887.
Das Werk ist eine Überarbeitung von Nr 21, 26 und 29. –
Neuausgaben:
London: K. Paul, Trench, Trübner & Co. 1910 (sowie [1937]) London: K. Paul, Trench, Trübner & Co. o.J. [Druck: Percy Lund, Humphries & Co.]
Rez.:
Spectator [London] 18.5.1889
Literar. Centralblatt 1889, 35 (G. v. d. Gabelentz)
Proceedings of the Geogr. Society, London 11.1889, 510–512 (E. D. Morgan)
Petermanns Geogr. Mitteilungen 35.1889, Literaturber., 177–178 (Supan)

English historical review 5.1890, 780–781 (S. Lane-Pool)
Guardian 28.5.1891, 881
Persische Übersetzung:
Īrān wa Māwarā an-nahr dar niwištahā-i čīnī wa muġūlī-i sadahā-i miyāna :
(ğustārhā-i tārīḫī wa ğuġrāfiyā'ī)
ta'līf-i Imīlī W. Britšnāydir. Tarğuma wa taḥqīq-i Hāšim Rağabzāda
Tihrān: Intišārāt-i Bunyād-i Mauqūfāt-i Duktur Maḥmūd Afšār, 1381
h.š. [2002/2003]. 567 S., 1 Kt.

Russische Übersetzung:
*Azija i Evropa v ėpochu srednevekov'ja; sravnitel'nye issledovanija istočnikov po
geografii i istorii Central'noj i Zapadnoj Azii XIII-XVII vv.* / Ė.V.
Bretšnejder.
Sankt-Peterburg: Izdatel'stvo Olega Abyško 2018. 553 S.
ISBN 978-5-6041671-0-6

46   Kitajskija dinastii i sravnitel'nyja tablicy načertanija kitajskich
        zvukov po francuzski, po anglijski i po russki. [In:]
        Z. Matusovskij: *Geografičeskoe obozrěnie kitajskoj imperii.*
        S.Peterburg 1888, 3–7, 343–355
        Die chinesischen Dynastien, und, Vergleichende Tabellen der
        Form der chinesischen Laute im Französischen, Englischen und
        Russischen.

1890/91

47   *Botanicon Sinicum. [II] Notes on Chinese botany from native and Western sources.*
        By E. Bretschneider, M.D.
        Journal of the North China Branch of the Royal Asiatic Society 25.1890/91.
        II ,468 S.
        I–II Corrigenda and addenda to part I.
        402–410 General remarks by Dr. E[rnst] Faber.
        411–468 Appendix: Classification of Chinese names of plants.
        Index of Chinese names.
        Index of European names.
        Rez. :
        China Review 20.1892, 6–62 (E. H. Parker)
        Dazu Bretschneider, ebda., 128–129
        Revue critique 1893:29/30, 43–44 (H. Cordier)
        Literar. Centralblatt 1893, 1342–1343 (Lssn)
        Journal of American folklore 6.1893, 237

1892

48   *Dorožnyja zamětki na puti po Mongolii v 1847 i 1859 gg. Archimandrita*
      Palladija. S vvedeniem doktora E. V. Bretšnejdera i zaměčanijami
      professora, čl. sotr. A. M. Pozdněeva.
      Sanktpeterburg: Akad. nauk 1892. IX, 238 S.
      (Zapiski Imperatorskago Russkago geografičeskago obščestva
      po obščej geografii 22,1.)
      I–IX   Baron F. R. Osten-Saken. [Einleitung.]
      1–34   Vvedenie.
                        25 dekabrja 1889 g. Ė. Bretšnejder.
      35–   Dnevnik O. Ierodiakona Palladija, vedenyj vo vremja
                        pereězda po Mongolii v 1847-m godu.
                        Ierodiakon Palladij Kafarov
      100–   Dorožnyja zamětki otca archimandrita Palladija vo
                        vremja
                        pereězda ego po Mongolii v 1859 godu.
                        Archimandrit Palladij Kafarov
      114–228   Piśmo professora A. M. Pozdněeva k Baronu F. R.
                        Osten-Sakenu s zaměčanijami na „Dnevnik O.
                        Palladija po Mongolii, vedennyj v 1847 godu".
                        A. Pozdněev
      229–238   Index
      Dazu: Maršrutnaja karta Vostočnoj Mongolii. Sostavl. Ė. V.
      Bretšnejderom 1891.

1893

49   *Itineraires en Mongolie*, par M. E. Bretschneider, traduit du russe
      par M. Paul Boyer ...
      Paris: Imprimerie nationale 1893. 51 S.8°
      Extrait du *Journal asiatique* IX,1.1893, 290–336

50   [Rez.] Novaja karta Kitaja.
      Karta Severo-Vostočnago Kitaja. Sostavil K. Veber. St.Petersburg
      1893. 1:1 355 000.
      Map of North-Eastern China. By C. Waeber. St.Petersburg 1893.
      Izvestija Russkago geografičeskago obščestva 29.1893, 469–476
      S.-Peterburg. 3-go nojabrja 1893 g. Ė. Bretšnejder.

1894

51   On some old collections of Chinese plants. By E. Bretschneider.
      Journal of botany, British & foreign 32.1894, 292–299

52 Ruś i Asy na voennoj službě v Kitaě. (D-ra Bretšnejdera.)
Živaja starina. 1894:1, otd.1, S. 67–73
Rußland und die Alanen im Kriegsdienst in China.
Zu einem Aufsatz von Palladij.

1895

53 Index des plantes/ Index plantarum.
In: A. T. Piry: *Manuel de langue mandarine.*
Shanghai 1895, 820–843
M. le Dr. E. Bretschneider, médecin de la Légation russe, à Pekin, le
plus autorisé des savants européens qu'on puisse aujourd'hui consulter
sur la flore de Chine, a bien voulu préparer de sa main cet index. II n'y
a compris que les noms des plantes de Chine les plus communes et
dont la synonymie est bien établie, le tout divisé en neuf sections de
façon à faciliter les recherches.

54 *Botanicon Sinicum.* [Part III] Botanical investigations into the materia
medica of the ancient Chinese.
Journal of the North China Branch of the Royal Asiatic Society 29.1894/95, 1–
623
Sondertitel:
Botanicon Sinicum. Notes on Chinese botany from native and Western sources. By
E. Bretschneider, M.D., late physician to the Russian Legation at
Peking, Membre corresp. de 1'Institut de France (Académie des
Inscriptions et Belles Lettres). Part III: Botanical investigations into the
materia medica of the ancient Chinese.
Shanghai, Hongkong, Yokohama & Singapore: Kelly & Walsh 1895.
Appendix:
Chinese geographical names.
Alphabetical index of Chinese names of plants.
Alphabetical index of genus names of plants.
Rez.:
T'oung Pao 7.1896, 280–281 (Schlegel)

1896

55 *A map of China and the surrounding region.* Compiled from the latest
information by E. Bretschneider to illustrate the author's „History of
botanical discoveries in China". English Statute miles 69.16 = 1 degree
[1:4 400 000].
St.Petersburg: A. Iljin 1896.1 fol. farbig. 730 x 630
Rez.:
T'oung Pao 7.1896, 81–82 (G. Schlegel)

Petermanns Geogr. Mitt. 42.1896, Literaturber., 169–170 (Hirth)
Asiatic Quarterly Review 2.1896, 194–196
Geograph. Zeitschrift 3.1897, 485–486 (H. Fischer)

56 *Map of China* ... by E. Bretschneider.
St.Petersburg: A. Iljin 1896. 4 fol. 360 x 310

1898

57 *History of European botanical discoveries in China.* By E. Bretschneider,
M.D., late physician to the Russian Legation at Peking, Corresponding
member of the French Institute, Corresp. member of the Council of
Professors of the Natural History Museum, Paris, Honorary member of
the staff of the Imperial Botanic Gardens, St.Petersburg.
London: Sampson Low 1898. XV,1167 S. 8°
Printed at St.Petersburg: Press of the Imperial Russian Academy of
Sciences.
Preface dated: St.Petersburg, September 1898. Moika, 64. E. B.
Nachdrucke:
Leipzig 1935.
Leipzig: Zentralantiquariat der DDR 1962.
Rez. :
T'oung Pao 1899, 81–87 (G. Schlegel)
China Review 23.1899, 363 (E. H. Parker)
Journal of botany 37.1899, 86–88 (James Britten, 135–136)
Otčet Russk. geogr. obščestva za 1899, Pril., 10–16 (N. I. Kuznecov)
Janus 7.1902, 159 (Oefele)
Asiatic Quarterly Review 7.1899, 193–194
Petermanns geogr. Mitteilungen 44.1899, Literaturber., 172 (Drude)
Trudy botanič. sada imp. jurjevskago Universiteta 1, S. 91–95 (Kuznecov)
Naučnoe obozrenie Apr. 1899, 881–886 (Palibin)
Botan. Centralblatt. Beih. 9.1900, 28–53 (Bretschneider)

58 Bretschneider's History of European botanical discoveries in China.
Kew bulletin of miscellaneous information 1898, 313–317
[Brief]

59 *Map of China* by A.[!] Bretschneider. – Supplementary maps:
    1 Part of Northern Chili.
    2 The mountains West of Peking.
    3 Mid China and the Yangtze River. In two sheets, A and B.
    4 The great rivers of the Canton Province.
    5 Parts of Yunnan Province.

St.Petersburg: A. Iljin 1898. 6 Blätter.

1899

60   Dobavočnyja zamětki k očerku putešestvija G. N. Potanina v Sy-čuań i
na vostočnuju okrainu Tibeta. Ė. Bretšnejdera.
Izvestija Russk. geografičeskogo obščestva 35.1899:4, geogr. izvestija, 419–426
Ergänzende Bemerkungen zur Skizze der Reise G. N. Potanins nach
Sichuan und in das östliche Grenzland Tibets.
Zu: G. N. Potanin: *Očerk putešestvija v Syčuań* ...1892–1893 g., ebda.,
363–418

61   Spisok stojanok ėkspedicii G. N. Potanina v Syčuań i vostočnyj
Tibet v 1893 godu. Ė. V. Bretšnejdera.
Izvestija Russkogo geogr. obščestva 35.1899, geogr. izvestija,427–436
Liste der Haltepunkte der Expedition Potanins nach Sichuan und
Osttibet im Jahre 1893.

62   *Map of China.*
London, Shanghai, Toronto, Melbourne: China Inland Mission 1899.
Reproduction agrandie et augmentée de la carte de B. de 1896 [Cordier,
195].
Rez. :
Journal of the Royal Asiatic Society 1900, 147–148 (T. W[atters])

63   Die wissenschaftliche Erforschung Chinas und seiner Nebenländer.
St.Petersburger Zeitung. Nr 52–56: 21.–25.Febr. 1899; Sonderdruck 56 S.
Text wie Nr 67.

1900

64   *Map of China.* By E. Bretschneider. 2nd thoroughly revised and enlarged
edition.
St.Petersburg: A. Iljin 1900. 4 Bl. 350 x 300
Rez. :
La geographie 1900, 253–254 (H. Cordier)
Petermanns geogr. Mitteilungen 46.1900, Literaturber., 45 (Max v. Brandt)
Journal of the Royal Asiatic Society 1900, 147–148 (T. W.)

65   Po povodu naimenovanija nedavno vozniksej v južnoj Mańčžurii
russkoj oblasti. Ė. Bretšnejdera.
Izvestija Russk. geografičeskogo obščestva 36.1900, 1–17, 1 Karte: Ljao-
Dunskij ili Guań-Dun-skij poluostrov.
Sonderdruck:

St.Petersburg 1900. 17 S.
Aus Anlaß der Benennung des jüngst entstandenen russischen Gebiets
in der Südmandschurei.
Anzeige:
T'oung Pao 1.1900, 363 (H. Cordier)

66 Po povodu stat'i podpolkovnika Ilinskago o Guańdun'skom
poluostrově. Zamětka Ė. Bretšnejdera.
Izvestija Russk. geogr. obščestva 36.1900, 405–433
Anläßlich des Artikels des Oberstleutnants Ilinskij über die Halbinsel
Guandong.
Zu: S. Ilinskij: O novoj pograničnoj linii Rossii s Kitaem i ob
ostrovach, otošedšich vo vladěnie Rossii na Korejskom i Ljaodunskom
zalivach. S primečanijami i kartoju Ė.V. Bretšnejdera. [Karta Guań-
Dun'skago poluostrova i pri-legajuščich ostrovov, sost.
Ė.Bretšnejderom. 1900. – Masstab 10 verst v djume]. Ebda., 379–404
428–432: Kitajskij spisok ostrovam, nachodjaščimsja v vodnom
stranstvě prilegajuščem k Guań-Dun'skom poluostrovu.
Zaimstvovannyj iz Šen-czin-tun-čži [*Shengjing tongzhi*], 1732 g. i Da-Cin-
I-tun-čži [*Da Qing yitongzhi*],1744 g.
Ė. B.

67 Potanins letzte Reise in West-China und im osttibetischen
Grenzgebiete im Jahre 1893. Mit Anmerkungen von Dr. E.
Bretschneider.
Petermanns geogr. Mitteilunge. 46. 1900, 12–18
Vgl. Nr 60.

68 Das russische Pachtgebiet in der südlichen Mandschurei. (Mit Karte.)
Petermanns geographische Mitteilungen 46.1900, 197–203
Mit Benutzung von Dr. E. Bretschneiders unlängst in
russischer Sprache veröffentlichtem Artikel über die neue
offizielle Benennung dieses Gebietes.
Karten:
1 Das russische Gebiet in der südlichen Mandschurei (Liaotung).
Gezeichnet von Dr. E. Bretschneider. Maßstab 1:850 000.
2 Die chinesische Mandschurei und ihre Eisenbahnen. Gezeichnet von
Dr. E. Bretschneider. Maßstab 1:750 000.

69 Z. Matusovskij: *Karta kitajskoj imperii, ispravlena i popolnena po sovremennym
svědénijam v Mańčžurii i Tonkině d-rom Ė. V. Bretšnejderom.*
Sanktpeterburg 1900. 4 Bl. 125 verst = 1 Zoll.

Karte des chinesischen Reiches, verbessert und vervollständigt nach
modernen Erkenntnissen in der Mandschurei und in Tonkin.

70   [Ref.] Bretschneider, E.: History of European botanical discoveries in
      China. Vol.1–2. London: Sampson Low, Leipzig: K. F. Köhler's
      Antiquarium 1898. 1184 S. 4°
      Botanisches Centralblatt.Beihefte.9.1900, 28–53
      Bretschneider (St. Petersburg)

1901

71   Über den Ursprung der Mukden'schen Bibliothek.
      Allgemeine Zeitung. Beilage 1901:89, S.1–4
      St.Petersburg, 5. April 1901. E. Bretschneider.
      Russ. Fassung vgl. Nr 72.

72   O proizchoždenii Mukdenskoj biblioteki.
      S.Peterburgskija Vĕdomosti 27.III. [9.April; nach Nr 71: 6.April]
      1901.
      Deutsche Fassung vgl. Nr 71.

73   [Rez.] Rußland und Korea.
      Petermanns geogr. Mitteilungen 47.1901, 179–182
      E. Bretschneider†
      Zu: *Opisanie Korei*. [Beschreibung Koreas]

1902/06

74   Index Encyclopaediae sinicae T'u shu tsih ch'eng [*Tushi jicheng*] 圖書集
      成, denuo editae a. 1880.
      Mélanges asiatiques.12.1902/06,74–78 (E. Bretschneider & V.
      Alekséev)
          Protokol Ist.-Fil. Otdĕl. 1888 § 92.114. Obščego sobranija 1889 § 16.
          Aus: *Izvestija Akademii nauk* V,21.1904: Musei Asiatici Notitia V 08-012

1905

75   *Map of China prepared for the China Inland Mission*. With add.
      London 1905.

1921

76   *Botanical writings of Theophilus Sampson relating to China, 1867—1869*. With
      a biographical sketch by Dr. E. Bretschneider. Prepared in the Office of
      the Chairman, Library Committee, U.S. Dept. of Agriculture.

Washington, D.C.1921.
Vorw. gez.: Walter T. Swingle, Dec. 13, 1921
Bretschneiders Beitrag ist Nr 57 entnommen.

1934

77 *Xi Liaoshi* 西遼史. 布萊資須納德著.
Shanghai: Shangwu yinshuguan 1934. 74 S. 8°
(Shidi congkan.)
Chinesische Fassung von *Mediaeval Researches*, 1, 208–235.

1957

78 *Zhongguo zhiwuxue wenxian pinglun* 中國植物學文獻評論.
Shanghai: Commercial Press 1957. 71 S.
Neuausgabe der 1935 erschienenen Übersetzung aus dem *Botanicon
Sinicum* von Shi Shenghan 石聲漢.

79 E. B.: Briefe eines Kurländers auf einer Reise nach Indien und China.
Rigasche Zeitung 1872
68. 23. März
69. 24. März
70. 25. März
91. 21. April
96. 27. April
97. 28. April
99. 1. Mai
101. 3. Mai
102. 4. Mai
103. 5. Mai
121. 27. Mai
122. 29. Mai
127. 3. Juni
129. 7. Juni
130. 8. Juni
133. 12. Juni
134. 13. Juni
136. 15. Juni
137. 16. Juni
138. 17. Juni
200. 30. August
201. 31. August
202. 1. Sept.

Briefe eines Kurländers auf einer Reise nach Indien und China.

Alexandrien (Egypten), 6. (18.) Januar 1872
Mein Reiseprogramm einhaltend, verließ ich Wien am 20. December alten Styls
und fuhr in 22 Stunden nach Triest. Da die Bahn auf ihrer ganzen Strecke
durch die mit Schnee überfüllten Gebirge Steiermarks und über die durch ihre
Schneegestöber berühmte Hochebene des Karst führt, hatte ich ganz erheblich
von der Kälte zu leiden, um so mehr, da für die Erwärmung der Waggons in
Österreich so gut wie gar nicht gesorgt wird. In Triest war es etwas wärmer,
doch wehte gerade an dem Tage meiner Ankunft dortselbst eine heftige Bora,
einer der dort so häufigen Stürme, die auf dem Karst ihren Ursprung nehmen.
Nachdem ich mir Billet für Alexandrien besorgt, begab ich mich an Bord des
dorthin bestimmten Lloyddampfers „Ceres". Er hatte außer mir nur noch zwei
Passagiere, einen Professor Zumpt[5] aus Berlin, der als Altertumsforscher nach
Egypten reist, und einen jungen Deutschen, der sich nach Singapore begibt.
Um Mitternacht, also gerade bei Beginn unseres russischen neuen Jahres,
wurde der Anker gelichtet, und der stattliche Dampfer zog hinaus ins offene
Meer. Der heftige, in Triest wehende Sturm hatte uns bereits mit dem
Gedanken einer unangenehmen Überfahrt vertraut gemacht, doch merkwürdigerweise war der Sturm ganz local, und als wir die hohe See erreicht, erwies
sich dieselbe ziemlich ruhig, und nur eine leichte Brise trieb uns nach Süden.
Auch am zweiten Tage war heiteres Wetter, nur noch immer etwas kalt, und
das Feuer im eisernen Ofen des Salons durfte nicht ausgehen. Die Fahrt geht
immer in der Nähe der buchtenreichen dalmatischen Küste, dann sieht man
die Berge Montenegros und die schneebedeckte Gebirgskette, welche Albanien
durchzieht. Je mehr wir nach Süden kommen, desto dunkler blau färben sich
Himmel und Meer und desto milder die Luft. Nach 46 Stunden Fahrt von
Triest langen wir in Korfu an, doch leider am Abend, und wir können uns die
reizende Insel nur in dunklen Umrissen, beim schwachen Scheine des Neu-
mondes, ansehen. Der Dampfer hielt nur 3 Stunden, um Waaren und
Passagiere einzuladen. Wir erhielten Zuwachs durch ein halbes Dutzend
Engländer verschiedenen Alters und verschiedenen Geschlechtes, jene
stereotypen Gesichter, wie man ihnen in der Schweiz, am Rhein, und ebenso
auch am Nil begegnet. Außerdem nahmen wir einige Griechen und
Griechinnen, der höheren Klasse angehörig, auf. Alles will den Nil bereisen.
Bei Tafel wird fortan Englisch, Deutsch, Französisch, Italienisch, Griechisch
und Russisch, alles durcheinander gesprochen. Der Capitain und seine

---

5   August Wilhelm Zumpt (Königsberg 1815–1877 Berlin), Altertumswissenschaftler, 1851 Professor am Friedrich-Wilhelms-Gymnasium. Er wurde durch seine Arbeiten zur lateinischen
Epigraphik bdekannt. Vgl. Gustav Lotholz: Zumpt, August Wilhelm. *ADB* 45.1900, 481–484.

Offiziere sind nämlich Italiener. Mit den Griechen, die einige Zeit in Odessa gelebt, konnte ich mich nur russisch verständigen.

Die fernere Seereise geht mehr als 12 Stunden zwischen den jonischen Inseln und dem griechischen Festlande fort. Nachdem wir lange längs der Ostküste von Korfu gefahren, bekommen wir rechts Cephalonike, links Ithaka (Theaki) die Heimat des irrfahrenden Odysseus und der keuschen Penelope. Man will in neuerer Zeit die Ruinen ihres Palastes aufgefunden haben. Die Nachkommen der Schweine des Sauhirten Eumäos grunzen noch heut zu Tage auf Ithaka, sie werden als von vorzüglicher Race weit und breit verschifft, und auch wir führten an Bord eine ganze Heerde derselben nach Egypten. Außer Schweinen giebt es auf Ithaka nur noch Räuber und Korinthen, welche letztere jedoch vorzugsweise auf Cephalonike und am korinthischen Meerbusen gedeihen. Bald erreichen wir die schöne Insel Zante. Ruhig gleitet der Dampfer dahin auf der sanftbewegten Fluth, zwischen den herrlichen, bergigen Inseln, mit ihren dunkel belaubten Orangenhainen und melancholischen, silbergrauen Olivenwäldern, aus welchen hier und da Ansiedelungen hervorschauen. Große Heerden fröhlicher Delphine, von mehr als Mannesvolumen, begleiten spielend das Schiff und schnellen sich in bestimmten Intervallen mit ihrem ganzen Körper hoch aus dem Wasser empor, um nach einem langen Luftsprunge wieder in ihr Element unterzutauchen. Die Gipfel der Gebirge Griechenlands sind noch mit dichten Schneemassen bedeckt, doch an der Küste scheint ewiger Frühling zu wohnen. Am folgenden Tage fahren wir hart an der Küste von Kreta vorbei und sehen den ganzen Tag über noch seine hohen Schneeberge am Horizonte. Bald verlieren wir das letzte Land aus dem Gesichte und schiffen uns bis Alexandrien, nur von Himmel und Wasser umgeben. Die Luft wird immer milder. Bei Korfu schon mußte ich den Paletot ausziehen, jetzt sehe ich mich bereits genöthigt, nach leichteren Sommerkleidern zu suchen. Wie schön ist das Meer in diesen Breiten! In der Nacht hinterläßt der Dampfer einen breiten Streifen, der wie von Millionen Brillanten überschüttet leuchtet. Das Sternbild des großen Bären senkt sich hier schon tief zum Horizonte und ruft mir die Verse des Ovid ins Gedächtniß. wie der große Bär, erschreckt durch den vom Phaeton gelenkten Sonnenwagen, vergeblich versucht, sich ins Meer zu stürzen.

Am 5. Januar, Abends um 10 Uhr, erblicken wir die Leuchtthürme von Alexandrien, müssen aber bis zum anderen Morgen vor Anker gehen, denn die Einfahrt in den Hafen von Alexandrien kann nur bei Tage bewerkstelligt werden. Wenn man vom Mittelmeere kommt, so macht das Land der Pharaonen einen sehr traurigen Eindruck. Man sieht nichts als eine flache, baumlose Küste mit Sanddünen und arabischen jämmerlichen Häusern. Erst wenn man dem Hafen ganz nahe, bemerkt man den Palast des Vicekönigs. Mehr kann ich vor der Hand von Egypten nicht schreiben, denn mehr habe ich davon nicht gesehen und werde auch kaum mehr zu sehen bekommen. Ich fahre noch einige Stunden in Alexandrien umher und um 6 Uhr Abends mit dem Eilzuge nach Suez. Der Dampfer nach Bombay geht morgen früh ab. Ich bekomme nicht einmal die Pyramiden und den Nil zu sehen, oder ich müßte acht Tage für Egypten opfern, was mir nicht möglich. Indien ist jedenfalls interessanter, als Egypten, und ich komme wohl noch einmal im Leben an den Nil. Das Nilwasser ist sehr schmackhaft. Ich habe heute davon getrunken.

Im Rothen Meere, 27° n. Br., 8. (20) Jan.
An meinen letzten Brief vom 6. Januar aus Alexandrien anknüpfend, will ich in Nachstehendem Einiges aus meinen ferneren Reiseerlebnissen und Betrachtungen mittheilen. Ich benutze dazu die Muße, welche dem Reisenden in reichem Maße gespendet wird, denn zwischen Schlafen und den vier Mal wiederholten opulenten Mahlzeiten, den Hauptbeschäftigungen an Bord, wenn man kein Land mehr in Sicht hat, bleibt doch immer noch viel Zeit zum Nachdenken und, so lange die See es erlaubt, auch zum Niederschreiben seiner Gedanken. In Indien angelangt, werde ich sehr beschäftigt sein und kaum Zeit finden, Briefe zu schreiben. Wenn meine Handschrift auch etwas zitternd erscheinen sollte, so ist die Ursache davon in dem Vibriren des Schiffes zu suchen. Meine Cabine befindet sich ganz in der Nähe der nimmer ruhenden Maschine, und obgleich das Meer spiegelglatt ist, so bäumen doch rings um das Schiff sich schäumende Wellen auf vor den rhythmischen Stößen der Schrauben, welche den ganzen Koloß durchzittern.

Wie ich bereits mitgetheilt, war mein Aufenthalt in Egypten nur ein ganz kurzer, und ich mußte mich darauf beschränken, auf einem Fiacre, mit einem schmutzigen Araber als Kutscher, in drei Stunden in Alexandrien und seiner Umgebung umherzufahren. In der Stadt selbst, in welcher sich Exemplare aller europäischen und asiatischen Nationen tummeln, ist nicht viel zu sehen. Enge Straßen, voll orientalischen Schmutzes, versperrt durch lange Kamelreihen, Esel, Lastträger etc. Alles mir schon zur Genüge von Persien und China her bekannt. Die Europäer haben ihren besonderen Stadttheil mit breiten Straßen und hübschen Häusern. Am meisten imponiren dem von Norden kommenden Europäer die schönen Palmenwäldchen und Gärten voll Sycamoren[6], Bananen und anderen tropischen Gewächsen. Es war ein herrliches Wetter, so lau wie bei uns an einem schönen Maitage. Man athmet mit Entzücken die milde, reine Luft unter dem blauen wolkenlosen Himmel.

Bald nachdem unser Triester Dampfer im Hafen von Alexandrien Anker geworfen, langte auch der englische Dampfer mit der Post für Indien und Brindisi an. Nach dem neuesten Arrangement wird die indische Post jetzt ein Mal in jeder Woche aus London abgefertigt, durchbraust auf einem ganz

---

6   Der Name hat mehrere Bedeutungen – *Acer pseudoplatanus* (Bergahorn) sowie *Ficus sycomorus* L. (Maulbeerfeige). Hier ist vermutlich die bereits in der Bibel genannte Feige gemeint.

schnellen Train in größter Geschwindigkeit ganz Europa, über Paris, durch den Mont Cenistunnel, Italien nach Brindisi. Hier steht schon ein Dampfer bereit, die ganze Post und die Passagiere in drei Tagen nach Brindisi zu führen, wo alles auf der Eisenbahn in 10 Stunden nach Suez zur Übergabe an die hier harrenden ostindischen Dampfer befördert wird. Als ich in Alexandrien mein Billet zur Überfahrt nach Bombay löste (es kostet 50 Pfund Sterl.), wurde mir die Weisung gegeben, mich um 7 Uhr Abends auf dem Bahnhofe einzufinden. Um diese Zeit fand ich den Extrazug auch schon in Bereitschaft. Jeder Passagier findet seinen Namen auf der Thüre des ihm zugewiesenen Waggons. Die Waggons erster Klasse sind ziemlich miserabel (der erste Platz kostet 3 Pfund Sterl.). Man pfercht die Passagiere zu acht in ein Compartiment. Glücklicherweise war ich der Letzte auf der Liste und durfte daher mein Compartiment mit nur zwei anderen theilen. Die Bahn fährt immer durch traurige Wüste, welcher selbst das blasse Licht des zunehmenden Mondes keine Poesie verleihen konnte. Früher fuhr man über Kairo nach Suez, doch seit einiger Zeit schon benutzt man eine directe Linie von Alexandrien dorthin. Der Tag begann eben zu dämmern, als wir im Hafen von Suez anlangten, welcher etwa fünf Werst[7] von der Stadt liegt. Der Train fährt über einen mehrere Werst langen Molo, der ins Meer hineingebaut ist, und an dessen Ende zwei gewaltige Dampfer sichtbar werden, welche den ganzen Inhalt des langen Zuges, Passagiere, Post etc. in sich aufnehmen sollen. Ganze Berge von großen Ledersäcken, gefüllt mit Briefen und Zeitungen, werden aufgethürmt, mehrere Hundert kleiner Kisten, jede zu etwa 1000 Dollar in Silber enthaltend, werden nach den Bestimmungsorten (lauter chinesische Häfen), in langen Reihen geordnet und überzählt, dann werden mehrere Waggons voll Passagiergepäck entladen und endlich andere, die mit Postpacketen und Kisten gefüllt waren. Von Suez geht in jeder Woche ein Dampfer der Peninsular and Oriental Company nach Bombay ab, und umgekehrt; alle vierzehn Tage einer von Suez nach Ceylon, Singapore, China und Japan. Der erstere nimmt die ganze für das Festland von Vorderindien bestimmte Post auf, die dann von Bombay auf den die große Halbinsel in allen Richtungen durchziehenden Eisenbahnen sogleich weiter befördert wird. Der zweite, nur zwei Mal monatlich abgefertigte Dampfer nimmt alles nach Ceylon, den Inseln des Archipels und Ostasien Adressirte auf. Ein Mal in jedem Monate senden auch die Franzosen (Messageries maritimes) einen Postdampfer von Marseille durch den Canal von Suez nach Ceylon, Singapore, Saigon, China und Japan ab, und umgekehrt, Die Dampfer des Triester Lloyd correspondiren in ihren Fahrten von Triest nach Alexandrien mit den genannten Dampferlinien und überbringen ihnen die asiatische Post aus ganz Deutschland und den nördlich und östlich gelegenen Staaten. Ich werde meinen Brief auch über Triest adressiren. „Khedive" ist der

---

7   Russisches Längenmaß, entspricht 1066,78 m.

Name des nach Bombay bestimmten Steamers, auf welchem ich fahre. Er ist zwar nicht so gigantisch gebaut wie der amerikanische Postdampfer „China", auf welchem ich im vorigen Jahre die Überfahrt von Japan nach San Francisko machte, aber dennoch ein gewaltiges Schiff von 3700 Tonnen, 200 Schritt lang und sehr comfortabel eingerichtet. Der zweite in Bereitschaft liegende Steamer „Indus" nimmt die andere erwähnte Route um Asien herum. Nur bis Aden haben beide denselben Weg. Wie umfangreich die europäische Post nach Asien ist, kann man darnach bemessen, daß eine ganze Schaar breitschulteriger Araber und die Mannschaften beider Schiffe 12 Stunden lang arbeiteten, um alle Säcke, Collis etc. zu ordnen und von den Waggons auf die Schiffe zu bringen. Wir brachten auf diese Weise einen ganzen Tag am Hafen von Suez zu, wo außer der Ausmündung des Suezcanals durchaus gar nichts Merkwürdiges zu sehen ist. Eine trostlose, regenlose Einöde, ohne Spur von Pflanzenwuchs, selbst ohne natürliches Trinkwasser. Es ist unterdessen 5 Uhr geworden, die Sonne neigt sich dem Untergange, alle Waggons sind geleert und die Schiffsräume gefüllt; drei englische Postbeamten haben ihr Büreau auf dem Schiffe bezogen und werden unterwegs vollauf zu thun haben, die Briefe in den verschiedenen Postsäcken zu ordnen und zu stempeln. Schließlich werden noch einige Kühe und Ochsen an Bord gehißt, dann eine Anzahl Hammel und eine Heerde quickender Schweine mit zusammen gebundenen Beinen auf einer schiefen Ebene heraufgeschleift; es folgen einige Geflügelhäuser voll gackernder Hühner, schnatternder Enten und Gänse etc. Alles sieht seinem sicheren Tode durch das Messer und der Ausstreuung seiner Gebeine unter verschiedenen Längen- und Breitegraden entgegen. Ein Kanonenschuß wird abgefeuert, zum Zeichen für etwaige Nachzügler, daß in einer Stunde die Anker gelichtet werden, und um 6 1/2 Uhr (gestern Abend) dampfen wir hinaus aus dem Hafen, dem Süden zu. Das Meer ist ruhig, kein Lüftchen bewegt sich, der Abend wunderschön. Wir haben auf der ganzen Reise bis Bombay zu Mondschein. Unser Dampfer kann 170 Passagiere erster Klasse beherbergen. Glücklicherweise sind aber deren für dieses Mal nur 40, und ich habe deshalb eine große, für vier Mann bestimmte Cabine, ungefähr vier Schritt im Quadrate fassend, für mich ganz allein erhalten. Ich habe noch nicht Zeit gehabt, mich mit meiner Reisegesellschaft bekannt zu machen. Sie scheint größtentheils zu bestehen aus Engländern, Offizieren der indischen Armee, Beamten, die von ihrem Urlaube aus Europa zurückkehren, Kaufleuten etc. Ich bemerke auch mehr als ein Dutzend Damen. Auf einer Seereise wird man schon im Verlaufe einiger Tage mit sämmtlichen Passagieren bekannt und kennt zuletzt die genaueste Biographie jedes Einzelnen. Vor der Hand habe ich mein Interesse mehr den Deckpassagieren und der Schiffsbemannung zugewandt, welche ein ausgezeichnetes Material für asiatische Racenstudien liefern. Von Allem, was die heißen Länder Asiens und Afrikas an Racengesindel aufzuweisen haben, finden sich hier Repräsentanten an Bord, mit allen den verschiedenen Farbennüancen ihrer Haut, vom tiefsten Schwarz bis zum leicht basanirten Teint, bald ins Gelbe, bald ins Kupferrothe spielend. Im Takelwerke klettern Araber, Malayen, Çingalesen, Hindus, Chinesen und Neger, von verschiedenen Küsten Afrikas stammend, umher. Die frostigen Nubier und Aethiopier sieht man meist ihre Siesta am heißen Schornsteine und von der Sonne beschienen abhalten. Doch das ist eigentlich nichts Merkwürdiges. Sieht man doch auch häufig unseren kurischen Bauern am Sonntage im heißesten Sommer und noch dazu mit einem Pelze angethan in der Sonne liegen. Wir haben auch einige Feueranbeter oder Parsis an Bord, welche sich von den Uebrigen fern halten und ein schattiges gemüthliches Plätzchen auf dem Verdecke einnehmen. Die Parsis sind meist Kaufleute, und erfreuen sich eines sehr guten Rufes der Thätigkeit und Ehrlichkeit. Wir Kajütenpassagiere werden größtentheils bedient von indischen Portugiesen oder portugiesischen Creolen. Ihre Hautfarbe ist fast ebenso dunkel, als die der Hindus, und man sollte unter dieser dunklen Haut kaum europäisches Blut vermuthen.

Gestern Abend verließen wir also Suez. Als ich heute Morgen aufstand, befanden wir uns noch im Golfe von Suez, die Küste war zu beiden Seiten sichtbar als nackte, trostlose, sonnverbrannte Felsen, ohne die geringste Spur von Grün. Selbst die Dattelpalme, welche zu ihrem Gedeihen so wenig Wasser braucht, verschmäht diese unwirthlichen Gestade, an denen kein lebendes Wesen bestehen kann. Das östliche Ufer, längs welchem wir fahren, gehört der großen Halbinsel an, welche sich ins Rothe Meer hineinschiebt und auf welcher der ehrwürdige Sinai sein greises Haupt erhebt. Nachdem wir die Schaduaninsel[8] passirt, wo vor zwei Jahren der Postdampfer „Carnatic" in der Nacht auf ein Korallenriff rannte und mit einer bedeutenden Anzahl von Menschen unterging, gelangen wir endlich hinaus ins eigentliche Rothe Meer und schiffen gegenwärtig längs der afrikanischen Küste nach Süden. Obgleich das Rothe Meer zur Zeit eine der bedeutendsten Seehandelsstraßen bildet, die von einer großen Anzahl Dampfer aller Nationen durchfurcht wird, so ist dasselbe dennoch nicht genügend untersucht und die zahlreichen unterseeischen Korallenriffe in demselben sind nur zum Theil bekannt, weshalb auch hier sich nicht selten Unglück ereignet. Doch genug für heute. Die Nachmittagssonne scheint mir aus Afrika herüber gerade ins Fenster und hat meine Kajüte bereits gehörig erwärmt. Außerdem wird sogleich zum Diner geläutet werden.

Im Rothen Meere, 19° n. Br. 10. (22) Jan.
Seit ich die vorstehenden Zeilen niedergeschrieben, haben wir ein gutes Stück Weges nach Süden zurückgelegt. Das Schiff macht in 24 Stunden durch-

---

8   *Šadwān* شدوان Die Insel ist 16 km lang und liegt südwestlich der Sinai-Halbinsel. Die *SS Carnatic* lief dort am 12. September 1869 auf ein Korallenriff und sank.

schnittlich 250 engl. Meilen (370 Werst). Wir befinden uns bereits im Bereiche
der Tropenregionen. Da unser Cours ziemlich über die Mittellinie des Rothen
Meeres geht, so ist schon seit vorgestern Abend kein Land mehr zu sehen. Man
fühlt aber die Nähe des Landes zu beiden Seiten. Die Hitze hat bedeutend
zugenommen, wir sind schon auf 26° R. im Schatten angelangt. In den Cabinen
ist die Temperatur noch höher. Die Tropensonne sengt uns unbarmherzig,
obgleich sie uns nur mit ihrem Wintergesichte anschaut. Man fährt im Rothen
Meer wie zwischen zwei Glühöfen, denn wir befinden uns zwischen den
ausgedehnten Wüsten Afrikas und Asiens, wo es nie regnet und die Sonne Jahr
aus Jahr ein ununterbrochen den nackten Boden erhitzt. Das Hinterdeck des
Schiffes, wo die Kajütenpassagiere frische Lust schöpfen, ist in seiner ganzen
Ausdehnung durch dickes Segeltuch vor den Sonnenstrahlen geschützt.
Während der Mahlzeiten, die in den unteren Räumen vor sich gehen, werden
herabhängende Segel, die sogenannten Pankas, über den Häuptern der
Speisenden durch Hinduknaben in Pendelschwingungen versetzt, um der
schwülen Luft eine kleine Bewegung mitzutheilen. So steht es hier im Januar,
im kältesten Monate, wo die Sonnenstrahlen nur mit winterlicher Kraft wirken.
Man kann sich vorstellen, welche Hitzegrade im Rothen Meere während des
Sommers herrschen, wenn die Sonne am Mittage senkrecht steht. Und während wir hier glühen und nach einer kühlenden Brise schmachten, bescheint
im rauhen Heimathlande jetzt die matte Januarsonne knisternde Schneeflächen
und weiß beschneite Dächer, über welchen senkrechte Rauchsäulen in die stille
kalte Winterluft aufsteigen, oder es heult vielleicht ein Schneesturm über die
Winterlandschaft, dem nordischen Wanderer nicht weniger gefährlich, als der
heiße Sandsturm den Karawanen der Wüste, Doch die Phantasiebilder von
Winterlandschaft und Schneewehen kühlen mich nicht ab. Es ist zu heiß, um
weiter zu schreiben.

Im Indischen Ocean, eine Tagereise östlich von Aden, den 14. Januar 1872
Ich wurde an der Fortsetzung meiner Reisenotizen bis jetzt verhindert durch
einen heftigen Sturm im Rothen Meere, der uns zwei Tage lang mißhandelt hat.
Schon auf dem 17. Breitengrade, im unteren Theile des Rothen Meeres,
bekamen wir nach einer mehrtägigen Windstille Südostwind, der sich steigerte,
je mehr wir nach Süden kamen und zuletzt als wüthender Sturm unserem
Ausgange in den Indischen Ocean hartnäckig sich entgegensetzte, ohne jedoch
die Luft abzukühlen, denn der Wind war unangenehm warm und machte,
wahrscheinlich durch mit fortgerissene Salztheile, die Haut ganz klebrig.
Obgleich unser Schiff bei ruhiger See ungefähr 30 Fuß über dem Wasser steht,
so gingen dennoch die Wellen vorn über das Deck. Die Kajütenfenster, die
bisher offengestanden und wenigstens Nachts etwas kühlere Luft eintreten
ließen, mußten sorgfältig geschlossen werden. Eine der Damen, in deren
Kajüte diese Vorsichtsmaßregel nicht rasch genug beobachtet worden, bekam

eine Welle gerade ins Bett, während sie darin lag, was jedoch weiter keine üblen Folgen gehabt zu haben scheint. Übrigens konnte es Niemand lange in der Kajüte aushalten und die Meisten brachten die Nacht auf dem Decke zu. Im südlichen Theile des Rothen Meeres, wo sich dasselbe nach der Meerenge Babelmandeb zu mehr und mehr verengt, befinden sich eine Menge kleiner vulcanischer Felseneilande, von denen einige der Schiffahrt sehr bedenklich sind, und wo bereits mancher Dampfer, geschweige denn Segelschiffe, gestrandet ist. Wir halten uns näher der arabischen Küste, sehen in der Ferne das kaffeeberühmte Mokka und steuern dann dem Thore der Meerenge zu, durch welche der Sturm ins Rothe Meer hineinpfeift, gleich dem Zugwinde durch ein geöffnetes Fenster. Während im nördlichen Theile dieses Meeres meist vollkommene Windstille anzutreffen ist, oder Nordwinde wehen, trifft man im südlichen Theile, wenn nicht auch dort Windstille herrscht, gewöhnlich mehr oder weniger heftige Südwinde. Es ist daher das Rothe Meer für die Segelschiffahrt gar nicht geeignet, es läßt die von Süden kommenden Schiffe wohl herein, aber nicht leicht wieder hinaus. Die Fahrt für Segelschiffe ist außerdem wegen der vielen Korallenriffe eine ziemlich gefährliche, worauf bereits der arabische Namen der Meerenge hindeutet. Babelmandeb heißt: „Thor der Thränen." Dennoch begegneten wir einem kleinen arabischen Segelschiffe, welches mit geschwellten Segeln nach Norden fuhr und wahrscheinlich Mekkapilger nach Dshidda, dem Hafen von Mekka, brachte. Europäische Segelschiffe dürfte man wohl kaum im Rothen Meere antreffen. Dafür begegneten wir aber auf unserer sechstägigen Fahrt durch dasselbe täglich zwei bis drei großen englischen Frachtdampfern, die mit Waaren aus Indien und China schwer beladen direct nach England durch den Suezkanal dampften. Die Engländer, welche anfangs alle Mittel aufboten, um das Zustandekommen des Suezkanals zu hintertreiben, scheinen jetzt doch von allen Nationen den größten Vortheil von demselben zu ziehen. Man braucht nur eine beliebige Nummer der *Times* in die Hand zu nehmen, um sich zu überzeugen, daß täglich Frachtdampfer aus England nach den asiatischen Seehäfen expedirt werden. Die Engländer haben es ermöglicht, durch praktische Bauart der Dampfschiffe, wobei Kohlen gespart werden, die Fracht, welche früher im Vergleich zu der Fracht auf Segelschiffen sehr theuer war, so bedeutend zu ermäßigen, daß der Zeitpunkt nicht fernscheint, wo die Segelschiffahrt aufhören wird. Der Capitain unseres Schiffes sagte mir, daß viele von den englischen Dampfern, die im Sommer nach Riga geschickt werden, im Winter, wenn unsere Häfen geschlossen, Reisen nach Indien unternehmen, wohin sich gerade dann die größte Handelsthätigkeit entwickelt.

Nachdem wir den engen Canal zwischen der den Engländern gehörigen Insel Perim[9] und der arabischen Küste passirt, befinden wir uns im Indischen

---

9   *Perim* (arabisch بريم Barīm), kleine Vulkaninsel in der Meerenge Bab al-Mandab.

Ocean, welcher an dem ungestümen Gebahren seines kleineren Nachbarn keinen Antheil nimmt und sich mit leicht gekräuselten Wellen vor uns ausbreitet. Unseren Cours nach Osten ändernd, gelangen wir, an der arabischen Küste hinfahrend, in acht Stunden nach Aden, einer englischen Besitzung und Hauptstapelplatz für Kohlen, die jedoch hierher erst aus England gebracht werden müssen. Die Stadt Aden liegt an einer schönen, großen Bay, an einen nackten Felsen, einen erloschenen Vulcan, gelehnt. Da es hier in drei Jahren höchstens ein Mal regnet, so ist natürlich kein grüner Fleck zu sehen. Das Trinkwasser für die dort residirenden Europäer, etwa 200 an der Zahl, unter denen gegen 40 Damen sein sollen, muß aus Seewasser destillirt werden. Trotz diesem Übelstande und trotz der fürchterlichen Hitze das ganze Jahr hindurch ist das Klima in Aden sehr gesund. Es ist hier ein wichtiger Stapelplatz für die Producte Arabiens und der benachbarten afrikanischen Küste. Kaum haben wir Anker geworfen, so finden sich auch gleich eine Anzahl arabischer Juden ein, welche Straußfedern, Straußeier, Korallen, Zebra-, Löwen-, Leopardenfelle etc. zum Kaufe anbieten. Das Schiff wird umringt von garstigen Negerbuben, die uns theils in leichten Canoes pfeilschnell umkreisen, theils ohne Boot Stunden lang umherschwimmen, ohne sich vor den vielen Haifischen zu fürchten, die ganz in der Nähe mit ihren breiten Rücken aus dem Wasser auftauchen. Diese affenähnlichen Neger betreiben hier am Schiffe eine eigenthümliche, von den Europäern angeregte Industrie. Sie tauchen nämlich nach kleinen Silbermünzen, welche die Passagiere vom Schiffe ins Wasser werfen, und holen sie mit unglaublicher Sicherheit aus der Tiefe heraus. Wenn ein Geldstück ins Wasser geworfen wird, so verschwindet die ganze Negergesellschaft blitzschnell unter der Oberfläche. Nach einer Minute ungefähr sieht man dann einen sich um die Münze raufenden Negerknäuel wieder auftauchen. Da das Einladen von Kohlen immer für die Passagiere eine höchst unerquickliche Operation ist, wodurch sie in kurzer Zeit durch den überall eindringenden Kohlenstaub in Neger verwandelt werden, so begeben wir uns für diese Zeit ans Land. Aden führt eine Menge des sogenannten Mokka-Kaffees aus. Dieser wächst aber nicht, wie man aus dem Namen schließen könnte, bei Mokka, sondern der feinste Kaffee kommt aus Nubien nach Aden; derselbe hatte in früheren Zeiten Mokka als Hauptstapelplatz.

Im Indischen Ocean, 16. Januar 1872.
Seit wir das Rothe Meer verlassen und, von Aden unseren Cours nach Nordosten nehmend, gerade auf Bombay zusteuern, hat sich die Luft bedeutend abgekühlt, wir haben sogar heute einen Regenguß gehabt. Es ist am Tage warm, aber nicht heiß. Wir sehen häufig große wallfischartige Thiere in der Nähe des Schiffes auftauchen, um Athem zu schöpfen. Spielende Delphine verfolgen uns oft längere Zeit. Große Schwärme schneeweißer fliegender

Fische, aufgescheucht vom Geräusche des Dampfers oder verfolgt von irgend einem Raubfische, steigen aus dem Meere auf, um einige Hundert Schritte weiter wieder einzufallen. Die See ist meist ganz ruhig. Die Abende und Nächte sind wonnevoll. Bevor der Mond aufgestiegen, leuchten im Dunkel der Nacht Millionen von größeren und kleineren Feuerkugeln in den Wellen, welche das Schiff bei seinem Laufe von sich stößt, wie durch einen elektrischen Funken entzündet im Augenblicke, wo die Berührung stattfand, und dann gleich wieder verschwindend. Man kann Stunden lang, ohne es überdrüssig zu werden, über die Brüstung gelehnt, diesem immer wechselnden Funkenspiele zuschauen, welches durch die Phosphorescenz mit bloßem Auge kaum sichtbarer Thierchen erzeugt wird. Der Mond zieht allmählich senkrecht über unsere Häupter hinweg, ein dem Nordländer ungewohntes magisches Licht, ohne Schatten, verbreitend, wenn er im Zenithe steht. Schon bald nach unserer Abreise aus Suez konnte man am südlichen Sternhimmel das Kreuz des Südens, wenigstens den obersten Stern, wahrnehmen. Jetzt sieht man um 4 Uhr Morgens das ganze Sternbild, wenn es durch den Meridian geht und dann gerade aufrecht steht. Ich kann mir dieses Schauspiel jede Nacht gewähren, wenn ich mich im Bette aufrichte und zum Kajütenfenster hinausschaue.

„O, du verwaister Mond, du ödes Land!
Du siehst den Glanz der schönen Lichter nimmer."[10]

Vor vielen Jahren las ich einmal eine Schilderung der Tropennächte, wobei die vorstehenden Verse auf das Kreuz des Südens bezogen waren. Ich erinnerte mich jetzt dieser poetischen Anspielung, welche damals einen tiefen Eindruck auf mein jugendliches, für die Tropennatur schwärmendes Gemüth gemacht, war jedoch sehr enttäuscht, als ich das Kreuz zum ersten Male mit eigenen Augen schaute. Das Sternbild des südlichen Kreuzes, aus vier ziemlich weit von einander abstehenden und ein schiefes Viereck darstellenden Sternen gebildet, bietet nämlich, selbst wenn man es mit poetischem Vorurtheil anschaut, gar nichts Auffallendes dar, und nur drei von seinen Sternen sind helleuchtende. Ich finde, daß der Orion, der Sirius, die Plejaden, der große Bär, alle in unseren nördlichen Breiten sichtbar, viel schönere und glänzendere Sternbilder sind, als das südliche Kreuz, dessen so häufig Erwähnung gethan wird. Es spielt jedoch das letztere eine große Rolle bei allen südlichen Völkerschaften, die aus dessen aufrechter oder geneigter Stellung die nächtliche Zeit bestimmen.

Bombay, 20. Januar 1872.
So ist es mir denn wirklich vergönnt worden, mit eigenen Augen dieses wunderbare Land zu schauen, dessen Namen wir gewohnt sind mit einer gewissen Ehrfurcht zu nennen, dessen Schätze sprüchwörtlich geworden.

---

10   Das Zitat erinnert an eine Stelle aus dem Fegefeuer von Dante.

Heute Morgen, am 13. Tage unserer Abfahrt aus Suez, hat unser wackeres Schiff uns endlich an die gesegnete Küste Indiens gebracht. Beim Aufgange der Sonne tauchte eine Gruppe von kleinen Eilanden, halb vom Nebel verdeckt, vor uns aus der blauen Fluth auf. Bald vertheilten sich die Dünste und die dorthin gerichteten Ferngläser erkannten in weiter Ferne zunächst einen ungeheuren Mastenwald. Doch als wir uns dem Hafen von Bombay näherten, entrollte sich vor unseren Blicken eine reizende Tropenlandschaft. Bombay liegt auf einer ziemlich großen Insel, deren südlicher Theil zwei Landzungen aussendet, welche eine schöne große Bay bilden. Auf dem östlichen Theile, dem Festlande gegenüber, liegt die gewaltige Stadt Bombay, welche gegenwärtig beinahe eine Million Einwohner zählt und mit ihren prachtvollen Häusern, Kirchen und palmenbeschatteten Hindutempeln die eine Hälfte der Bay umkränzt. Die westliche Landzunge dagegen, von einer Bergkette, Malabarhills genannt, durchzogen, dient den in Bombay wohnenden Europäern in der heißen Jahreszeit als Sommeraufenthalt. Hier athmen sie, von der drückenden Hitze in der Stadt ermattet, im Schatten der Cocospalmen die frische Seebrise ein. Den zu Schiff aus Suez kommenden Reisenden wird dieser Theil der Insel zuerst sichtbar. Das üppige Grün tropischen Laubes sproßt überall und bedeckt den ganzen Bergrücken von oben bis unten, reizende weiße Landhäuschen in seinem Schatten verbergend. Von den mannigfachen Pflanzenformen, die sich dort entwickeln, erkennen wir aber vor der Hand nur die Palmyrapalme, die sich mit ihrem schlanken, nackten Stamme hoch über die anderen Bäume erhebt und oben die charakteristischen Büschel riesiger, fächerförmiger Blätter trägt. Im Hafen vom Bombay angelangt und im Hotel installirt, war meine erste Unternehmung, einige Stunden lang auf einem Fiacre in der Stadt und in deren Umgebung umherzufahren. Das Wetter ist unbeschreiblich schön. Die Sonne brennt zwar ziemlich heiß, und man kann ohne weißen Sonnenschirm nicht ausgehen, doch ist die Luft durchaus nicht erhitzt und im Schatten fühlt man sich sehr behaglich. Die Nächte sind sogar ziemlich kühl. Der erste Eindruck, den auf mich die Tropennatur gemacht, übertraf alle Erwartungen. Man kann sich nichts Imposanteres, nichts Poetischeres denken, als diese traulichen Wäldchen von Cocos- und Dattelpalmen, deren riesige Wedel von der Seebrise hin und her bewegt werden. Die Malabarhills sind davon ganz bedeckt bis an das Meeresufer hinab, wo sich ihr graziöses Bild in der Meeresfluth spiegelt. Zahlciche Villas bergen sich in ihrem Schatten, umgeben von blüthenreichen Gärtchen und Gärten, welche die Natur fast ganz allein zu pflegen scheint und die kaum einer Nachhilfe des Menschen bedürfen. Hier begegnet man der üppigsten Fülle jener feenhaften Blumen, die wir Nordländer nur verkümmert in unseren Treibhäusern bewundern können. Nicht weniger von Bewunderung erfüllt bleibt man stehen vor dem heiligen Banyanbaume[11] der Hindus, den man an allen großen Straßen antrifft, Dieser seltsame Baum sendet von seinen Zweigen Luftwurzeln zur Erde hinab, die hier Wurzel fassen und wieder zu starken Stämmen werden, so daß ein Baum zuletzt ein ganzes zusammenhängendes Wäldchen bildet. Daneben zittert und säuselt mit seinen großen, langgestielten Blättern, nicht unähnlich unserer Zitterpappel, ein anderer heiliger Baum der Inder, der Pipalbaum[12], wie der Banyanbaum dem Feigengeschlechte angehörig, und wie dieser reich an Mythen und Legenden. Die bescheidenen Hütten der Eingeborenen werden beschattet von den breiten, oft 20 Fuß langen Blättern der Banane, dieser nützlichen Culturpflanze der Tropen, deren wohlschmeckende Früchte in langen Bündeln herabhängen.

Nicht minder interessant als die Umgebung Bombays und seine ewig grünende Natur, ist die Stadt selbst mit ihren Bazaren und ihrer wogenden Menschenmenge, meist Hindus und Muhamedaner, die übrigens von den ersteren nur durch die Kleidung zu unterscheiden sind, und Parsis oder Feueranbeter. Die Letzteren, in großer Anzahl in Bombay anzutreffen, gehören meist dem Kaufmannsstande an, und es giebt deren sehr viele reiche, die in den elegantesten Equipagen umherfahren. Sehr überrascht war ich, in Bombay so wenig Europäern zu begegnen, denn wir sind gewohnt, Indien immer als einen Theil Englands zu betrachten. Doch kommt hier in Bombay auf 100 Eingeborene nicht einmal ein Engländer, und die meisten Beamten, so namentlich beider Polizei, Post, Eisenbahn, sind Eingeborene. Das Klima in Bombay ist nur im Winter schön, im Sommer dagegen höchst ungesund und namentlich europäischen Kindern sehr nachtheilig, die, wenn sie auch nicht sterben, sich doch nur sehr mangelhaft entwickeln. Die hier ansässigen englischen Kaufleute und Beamten leben daher gewöhnlich nur wenige Jahre mit ihren Frauen, und sobald die Kinder einige Jahre alt sind, muß der Mann die Familie nach Europa schicken.

Obgleich nach dem Wenigen, was ich über Bombay mitgetheilt, man unmöglich schon einen umfassenden Begriff davon erhalten kann, so muß ich doch für dieses Mal meinen deskriptiven Versuchen Einhalt thun, denn es ist bereits sehr spät geworden. Meine Reiseschilderungen sollen auch durchaus nicht den Charakter eines ausführlichen Touristenberichtes tragen, wie man deren ja unzählige über alle Theile der Erde und in allen Sprachen gedruckt lesen kann. Ich erwähne eben nur Einiges, was mir gerade einfällt, obgleich der Schatz meiner Erinnerungen aus Indien ein sehr reicher sein wird.

---

11 *Ficus benghalensis* L., Banyan-Feige (Familie Moraceae).
12 *Ficus religiosa* L. (Familie Moraceae). Er wird auch Bodhibaum genannt, weil Siddharta Gautama unter ihm das „Erwachen" erlebte.

Bombay, 25. Jan. (6. Febr.) 1872

Wenn man auf Reisen geht und namentlich, wenn man, wie ich gegenwärtig, ohne Geschäfte, theilweise nur zu seinem Vergnügen reist, so thut man gut, sich von vornherein auf mancherlei unvermeidliche Unannehmlichkeiten und Hindernisse gefaßt zu machen, denen man auf jeder längeren Reise begegnet, und durch die das im rosigsten Lichte ausgemalte Reiseprogramm häufig gestört wird. Man wird sich dann niemals enttäuscht fühlen und sich manchen Ärger ersparen. Die anmuthigen poetischen Reisebeschreibungen, die wir lesen, erzählen uns nichts von der langweiligen Prosa, welche sich durch die ganze Reise webt; sie sprechen nicht von zerbrochenen Koffern, deren Reparatur oft einen ganzen Tag der kostbaren Zeit raubt, nichts von dem nichtsnutzigen Gesindel, welches nur davon lebt, die Reisenden zu prellen. Die meisten Unannehmlichkeiten hat der Reisende zunächst mit seinem Gepäcke. Abgesehen von den Zollchicanen, denen dasselbe ausgesetzt, geht man auf den Dampfschiffen und Eisenbahnen unbarmherzig damit um. Ich habe auf meinen Reisen alle möglichen Koffer und Mantelsäcke ausprobirt und bin zu der Überzeugung gekommen, daß selbst ein ganz aus Eisen gefertigter Koffer den Insulten der Gepäckträger nicht widerstehen kann. Meinem Koffer haben sie, als er vom Schiff auf das Boot geladen wurde, den Deckel aus den Hingen geschlagen. Außerdem wurde mir ein Stück Reisegepäck, welches ich gerade am nothwendigsten brauchte, weil es für die Wäscherei bestimmt war, mit dem ähnlich aussehenden eines anderen vertauscht, der in ein anderes Hotel gegangen und eben so unglücklich war, als ich, erst am folgenden Tage ausfindig zu machen, wohin sein Gepäck gekommen. Eine große Noth giebt es auf den langen Seereisen mit der Wäsche. Seit Wien war es mir nicht möglich gewesen, waschen zu lassen, und ich wollte zu diesem Zwecke der Waschung, das Nützliche mit dem Angenehmen verbindend, drei Tage in Bombay bleiben. Doch leider hat der eingeborene schwarze Wäscher den versprochenen Termin nicht eingehalten, das Auspacken und Repariren meines Koffers hat mir eine Menge Zeit gekostet, und ich muß einige Tage länger bleiben. Das sind die petites misères auf Reisen, die den Genuß des Reisens verbittern, wenn man nicht genug Philosophie besitzt, um sich dem Unvermeidlichen zu fügen. Doch man soll seine Wäsche nicht vor anderen waschen, sagt ein altes Sprüchwort, gehen wir daher zu anderen Betrachtungen über. Ich langweile mich keineswegs in Bombay, doch ist die Zeit, die ich auf Englisch Indien verwenden kann, sehr beschränkt, denn am 3. (15) Februar muß ich bereits in Calcutta sein, um den Dampfer nach Singapore nicht zu verfehlen, der nur einmal monatlich abgeht, und es giebt in Indien noch viel interessantere Punkte als Bombay.

Auf der Reise von Suez nach Bombay machte ich einige sehr interessante und nützliche Bekanntschaften, und namentlich die von Mr. Mc'Ilwraith, eines der Chefs von Nicolls u. Comp. Es ist dies die größte Handelsfirma in Bombay;

sie machen enorme Baumwollengeschäfte und versorgen namentlich ganz Rußland mit Baumwolle. Das Haus dieser Firma in Bombay ist ein vollständiges Ministerium, in welchem Hunderte von Beamten beschäftigt sind. Der erwähnte Herr hat mir hier sehr viele Freundlichkeiten bewiesen. Er stellte mir ein großes Segelboot zur Verfügung, um nach der Insel Elephanta hinüber zu fahren, welche zwischen Bombay und dem Festlande liegt, wegen ihrer Tempelgrotten berühmt ist, außerdem aber auch durch ihre schöne Vegetation entzückt. In Indien gebt es mehrere solcher Hindutempel, die vor vielen Jahrhunderten in die Felsen hinein ausgehauen und ausgearbeitet wurden. Man findet in der Grotte zu Elephanta schöne Sculpturen, Säulen, Altäre etc. jedoch stark beschädigt durch portugiesische Missionaire, welche vor mehreren Hundert Jahren im fanatischen Eifer die schönen Götzenbilder zerstörten. Am folgenden Tage unternahm ich eine Reise nach dem Nerbuddafluß[13], um den heiligen Banyanenbaum zu sehen. Mr. Mc'Ilwraith war so freundlich, nach Broach[14] dem Chef seiner großen Baumwollenmanufacturen zu telegraphiren, daß mir bei meiner Expedition alle mögliche Hilfe geleistet und ein Boot besorgt werde, um den Fluß hinauf zu fahren. Ich hatte von Europa nur wenige Empfehlungsschreiben für Indien mitgenommen; ich glaubte sie überflüssig und hielt, auf Erfahrungen in Europa basirend, Bekanntschaften auf der Reise für zeitraubend. Ich habe mich jedoch rasch überzeugt, daß Empfehlungen hier von großen Nutzen sind. Man kann in Indien nicht reisen wir ein Europa, mit dem Bädecker in der Hand, sicher eines guten Gasthauses für die Nacht. Sobald der Reisende von der Eisenbahnlinie abbiegt, so hört alle Reisebequemlichkeit auf, er muß sich, wenn er nicht zu Boot fortkommen kann, auf elenden von Ochsen bespannten zweiräderigen Karren schütteln lassen, und kommt in große Verlegenheit, wenn er der Sprache der Eingeborenen nicht kundig ist. Die Engländer in Indien sind gegen Fremde außerordentlich zuvorkommend und gastfrei, und die Bekanntschaft mit Leuten, die hier bereits lange gelebt, ist sehr lehrreich. Eine Eisenbahn führt von Bombay nach Broach, am Nerbudda, unweit des Ausflusses dieses schönen Stromes in die Bay von Bombay. Es war am frühen Morgen, als der Zug den Bahnhof verließ, die Sonne ging eben auf, ein dichter Nebel lag auf der Küste, aus welchem nur die Kronen der Kokospalmen hervortauchten, vertheilte sich jedoch bald vor den Strahlen der aufgehenden Sonne. Fast auf der ganzen Strecke der Bahn hat man den entzückenden Anblick einer Tropenlandschaft zu beiden Seiten. Die Bahn fährt über mehrere der Inseln, welche Bombay umgeben, und die durch schöne lange Brücken verbunden sind, die Brücke von der großen Insel Salsette nach dem Festlande über Mündung des Ghora-Bandar-Flusses ist

---

13 Auch Narmada genannt, 1312 km langer Fluß, der nördlich von Surat ins Arabische Meer mündet.
14 Auch Bharuch, Stadt im Norden von Bombay, am rechten Ufer des Nerbudda.

mehr als eine Werst lang. Überall wiegt sich die schlanke Kokospalme am Fluß und Meeresufer. Nachdem wir das Festland erreicht, fahren wir immer nach Norden, meist durch sogenannte Dschungels. Mit diesem Namen, den wir häufig in Reisebeschreibungen antreffen, bezeichnen die Eingeborenen einen mit nicht sehr hohen Bäumen und dichtem Strauchwerke, alles Laubholz, bestandenen Wald meist auf morastigem Grunde. Verschiedenartiges Wild hält sich darin auf. Das ist das Jagdgebiet des Tigers, der hier als König herrscht. Etwas weiter nach Norden beginnt das Reich des mähnenlosen Löwen von Guzerat. Von den Ästen der Bäume in diesen Dschungels hängen überall die künstlich geformten, beutelähnlichen Nester des Schneckenvogels herab. Über diesen niedrigen Wald erhebt sich in den Theilen, die ich gesehen, ein zweiter ziemlich hoher aber undichter Wald von Palmyrapalmen (*Borassus flabelli-formis*[15]), welche hoch das Unterholz überragen, wie die nachgelassenen Saatbäume in unseren Schlägen. Auch die wilde Dattelpalme (*Phoenix sylvestris*[16]) mischt sich dazwischen, erreicht aber nie die Höhe ihrer stolzen Schwester. Die Wildniß wird häufig unterbrochen durch freundliche Ansiedelungen, jede Hütte der Eingeborenen ist von hohen Bananenstauden beschattet. Dort sieht man dann malerische Gruppen dunkelgefärbter Hindus, die Lenden von einem Stück weißen Zeuges umschlungen, mit rothem Turban auf dem Kopfe. Das Zeichen der Kaste, welcher sie angehören, ist roth oder gold auf die Stirne gemalt. Einige von ihnen sind mit dem Einheimsen der Ernte beschäftigt welche auf mit Ochsen bespannte Wagen geladen wird. Die indischen Ochsen, alle mit einem Höcker auf dem Widerrist, sehen unserem plumpen Hornvieh gegenüber sehr elegant aus. Sie sind von schlanker Figur, Kopf und Hörner gleichen denen der Antilope; sie vertreten bei den Eingeborenen, denen sie außerdem heilig, die Stelle des Pferdes. Vor den Karren gespannt, laufen sie eben so rasch wie dieses. Die meisten Fuhrwerke in Bombay sind mit diesen Buckelochsen oder Zebus bespannt. Die Pferde hier scheinen erst durch die Europäer eingeführt worden zu sein, und die man hier antrifft, sind alle von arabischer Race. Wenn der Eisenbahnzug an Sümpfen oder Flüssen vorbeifährt, finden wir träge Büffel im Schlamm gelagert und auf ihren Rücken häufig kleine, schneeweiße Reiher sitzend. Auch stattliche Kraniche mit rothen Köpfen (*Grus antigone*) [17] sehen wir, die sich in Eilmärchen vor dem heranbrausenden Zug zurückziehen. Bis zur Stadt Surate, wo wir über den Taptifluß[18] fahren, hat der Weg fast überall den oben geschilderten Charakter. Im Hintergrunde sieht man die Kette des Ghadsgebirges, welche von Norden nach Süden laufend, das westliche Küstenland begrenzt. Hinter Surate

---

15   *Borassus flabelliformis* L. (Familie Arecaceae).
16   *Phoenix sylvestris* Roxb. (Familie Arecaceae).
17   *Antigone antigone* (Linnaeus, C. 1758); Saruskranich, gilt mit 150 cm Körperlänge als größter Kranich.
18   724 km langer Fluß, mündet ins Arabische Meer.

beginnen großartige Baumwollenculturen, die sich bis Broach fortziehen. Die Baumwolle aus dieser Gegend gehört zu den besten aus Indien und wird über Bombay in enormen Massen nach Europa verschifft. Die erste indische Eisenbahn, welche ich befahren, hat auf mich keinen guten Eindruck hinterlassen. Die Waggons erster Klasse (nur in diesen können Europäer fahren) sind wenig besser als unsere dritte Klasse. Die schlecht gepolsterten Sitze sind mit abgeriebenem, bestäubtem, nie gereinigtem Leder überzogen, die zweite Klasse hat schmutzige Holzbänke, die dritte Klasse besteht aus zwei Etagen, in welche die Passagiere irgendwie hineingepfercht werden. Alle Waggons haben ein Dach wie unsere Häuser, welches, unten weit vorspringend, die Wirkung der Sonne abhält. Die Bahnhofsbeamten sind Eingeborene, der Stationschef ist gewöhnlich ein Parsi, das übrige Personal besteht aus Hindus. Ich war sowohl auf der Hin- als auf der Rückfahrt der einzige Europäer in dem langen Train unter Massen von Eingeborenen, der Personenverkehr scheint enorm zu sein. Auf europäische Reisende wird wenig Rücksicht genommen. Man bekommt auf den Stationen nichts zu essen als Früchte und einheimisches Back- und Zuckerwerk. Man muß daher seinen Speisepaudel[19] mit sich führen. Gegen Sonnenuntergang erreichte der Zug Broach, und kaum hatte ich den Zug verlassen, als ein junger Engländer meinen Namen nannte und mir anzeigte, daß ein Boot für mich bereit liege und daß er mich begleiten wolle. Um 10 Uhr Abends bestiegen wir unser Fahrzeug, um den Strom zwölf Werst hinaufzufahren, wo auf einer Insel sich der heilige Baum befindet. Der Nerbudda ist hier ungefähr so breit als die Düna bei Riga, an mit cultivirten Lichtungen, hin. In unserem Boote finden wir Matratzen und Kissen, auf die wir uns ausstrecken, und so fahren wir, von 6 Mann gerudert, den leuchtenden Sternhimmel über uns dahin. Um 1 Uhr Morgens ist die Insel erreicht und wir überlassen uns einem sanften Schlummer, der jedoch häufig unterbrochen wird durch tropische Thierstimmen aller Art, größtentheils meinem Ohre unbekannt. Bald war es ein Tiger oder ein anderes katzenartiges Raubthier, das in der Ferne brüllte oder miaute, bald ein Kranichheer, das, wahrscheinlich aufgescheucht von einem Raubthiere, klagend über unseren Köpfen kreiste. Aus dem heiligen Baume, der in gigantischen dunklen Umrissen nahe vor uns stand, tönten besonders merkwürdige Geräusche, Thierstimmen oder Flügelschläge, zu uns herüber, was mich vermuthen ließ, daß hier eine goße Nachtherberge für Vierfüßler und Vögel sei. Die Nacht war schön. Mein Begleiter, Mr. Arthur, rieth mir, mich sorgfältig in die mitgenommene wollene Decke zu hüllen, da Thau und Nebel hier der Gesundheit nachtheilig sind. Ich hatte gut gethan, diesem Rathe zu folgen, denn am anderen Morgen war meine Decke so naß, als wenn sie im Wasser gelegen. Kaum begann der Tag zu grauen, als wir durch das Geschrei der Pfauen geweckt wurden.

---

19   Speisekorb.

Als ich diese mir wohlbekannten Töne unseres Hausvogels hörte, glaubte ich anfänglich, daß in der Nachbarschaft Ansiedlungen seien, doch mein Begleiter sagte mir, daß wir es mit wilden Pfauen zu thun hätten, die sich hier in großer Zahl aufhalten. Es herrschte noch Dämmerlicht, als ich den heiligen Hain betrat, welchen der Banyanbaum bildet. Ein großer Geier, der hoch oben auf einem trockenen Aste übernachtet, hob sich schwerfällig und zog von dannen, um seinen Tagesgeschäften nachzugehen. Einige Affen, die auch zur nächtlichen Musik beigetragen, klettern zwischen den dichten Zweigen umher, sich schlaftrunken die Augen reibend und ihre Morgentoilette besorgend. Sie treten ihre Schlafplätze den fliegenden Füchsen ab, welche eben von ihren nächtlichen Luftreisen zurückkehren und kreischend und zankend umherflattern, bis sie den günstigen Ort für ihren Tagesschlaf gefunden. Die fliegenden Füchse (*Pteropus edulis*) sind enorme Fledermäuse, von der Größe eines ausgewachsenen Katers, die man am Tage, oft in erstaunlicher Menge, regungslos, den Kopf nach unten, gleich enormen Früchten, von den Baumzweigen herabhängen sieht. Nun erwachen die Schläfer aus der Vogelwelt in dem gastlichen Baum. Es stellt sich heraus, daß auch eine Gesellschaft Krähen, wie mir scheint, von der ganz gewöhnlichen europäischen Art, dort übernachtet hat. Krächzend im reinsten Europäisch, ziehen diese Kosmopoliten fort, um in den Wipfeln der Palmen über das Programm ihres Tagewerkes nachzudenken. Die Krähen sind in Bombay so unverschämt, daß sie zu diebischen Zwecken in die fast immer geöffneten Zimmer fliegen. Kreischend fliegen auch kleine grüne Papageien umher und andere kleinere und größere Vögel, in den prachtvollstein Farben gekleidet, schlüpfen durch das Laubwerk. Doch ich habe vom Baume selbst, der so verschiedenartige Gäste beherbergt, noch nichts gesagt. Der heilige Banyanenbaum auf der Nerbuddainsel, unter dem Namen Kabirbar bekannt, zu welchem die frommen Hindus von weit her pilgern, ist der Sage nach vor grauen Jahren aus dem weggeworfenen Zahnstocher eines Heiligen Namens Kabir, der auf der Insel lebte, entstanden, und hat mir der Zeit, von seinen Zweigen Luftwurzeln zur Erde aussendend, welche neue Bäume bildeten, einen großen, schattigen Hain erzeugt, der ungefähr dreihundert Schritt im Durchmesser hat. Der Stammvater dieses Waldes und wahrscheinlich auch die nächste Generation seiner Sprößlinge sind längst verfault, denn die vorhandenen Stämme sind von mäßiger Dicke und, obgleich sehr nahe beisammen stehenden, meist nicht mehr durch ihre Zweige verbunden. Am Imposantesten nimmt sich der heilige Hain, in welchem sich auch ein kleiner Tempel befindet, aus einiger Entfernung betrachtet, aus, wo er wirklich den Eindruck eines einzigen Baumes mit riesigem Laubdache macht, dessen großblätteriges Laubwerk eine dichte Kuppel bildet.

Nur einige Stunden konnten wir uns auf der Insel aufhalten, denn die Ebbe machte sich bereits bemerkbar und unser Boot mußte vom Landungsplatze zurückweichen, um nicht auf dem Trockenen zu bleiben. Die Rückfahrt nach Broach wurde in drei Stunden bewerkstelligt, trotz des Aufenthaltes durch ein Jagdabenteuer, dessen Erzählung ich nicht vorenthalten will. Im Nerbudda wimmelt es von Krokodilen, die bisweilen eine Länge von 18 Fuß erreichen und viel Unheil unter Menschen und Vieh anrichten. Ein großes Krokodil ist stark genug, einen Ochsen ins Wasser zu schleppen und dort zu ertränken, worauf es ihn nach Bedürfnis verspeist. Einige Tage vor meiner Ankunft war bei Broach ein Knabe vom Krokodil gefressen worden. Als die Sonne höher aufstieg, sahen wir diese Ungethüme oft zu zweien oder dreien am sandigen Ufer liegen. Sie sind dem ungeübten Auge schwer erkenntlich und man hält die regungslose schuppige Masse oft selbst in größter Nähe für ein Stück eines umgehauenen Palmstammes, welcher auch große Schuppen trägt. Die Krokodile waren jedoch sehr auf ihrer Hut, wahrscheinlich weil mein Begleiter häufig auf sie schießt, und ließen das Boot höchstens auf zweihundert Schritt sich nähern. Mr. Arthur schoß mehrmals vergeblich mit der Büchse nach ihnen. Wenn die Kugel in ihrer Nähe einschlug, oder sie vielleicht ach verwundete, so schlugen sie mit dem Schweife hoch in die Luft und stürzten sich mit großer Wucht ins Wasser. Es ist ungemein schwer, sie zu tödten, und selbst wenn sie tödtlich verwundet, gehen sie doch meist für den Jäger verloren. Endlich zeigten uns unsere Ruderer einen mächtigen Burschen, der, den Kopf von uns abgewendet, sich im Sande sonnte. Es gelang uns, sachte bis auf zweihundert Schritt heranzufahren. Die Büchse krachte und siehe da, das Ungethüm war schwer getroffen, schlug mit dem Schweife fürchterlich um sich und blieb endlich im seichten Wasser liegen. Rasch ruderten die Leute bis auf wenige Schritte heran, wollten sich jedoch nicht dazu verstehen, den Cadaver ins Boot zu bringen. Es ist auch in der That kein Scherz, sich einem Krokodil zu nähern, das mit einem Hiebe des Schwanzes einen Menschen tödten, oder ihm wenigstens die Gliedmaßen zerbrechen kann. Sie baten Mr. Arthur, nochmals zu schießen. Dise Vorsichtsmaßregel war sehr am Platze, denn nach dem zweiten Schusse hieb das Thier noch fürchterlich um sich und es waren noch drei Kugeln nöthig, um es vollends zu beruhigen. Nachdem darauf unsere Leute es mit den Rudern aus einiger Entfernung geschlagen und gestoßen und sich von seiner Leblosigkeit überzeugt, machten sie sich daran, die Beute ins Boot zu bringen. Das hatte jedoch große Schwierigkeiten, denn das Thier war schwer und maß zwölf Fuß. Wir waren daher genötigt es am Schlepptau zu nehmen. So ruderten wir mit unserer Siegesbeute nach Broach hinein. Ich begab mich sofort nach dem Bahnhof, um mit dem nächsten Zuge nach Bombay zurückzufahren. Ich wollte das erlegte Wild als Geschenk für Mr. Mac'Ilwraith mitnehmen, doch die Bahnhofsbeamten weigerten sich, solches Passagiergut aufzunehmen. Höchst befriedigt von meiner Expedition verabschiedete ich mich von meinem liebenswürdigen Gefährten und fuhr nach Bombay zurück. Mr. Arthur ist ein leidenschaftlicher Jäger und erzählte mir viel über die Jagd in Indien. Es giebt dort noch eine Menge Wild. Auf unserer Bootfahrt sahen wir große Heerden schwärzliche Antilopen, welche die Engländer Blackbuck[20] nennen. Es war 11 Uhr Abends, als ich wieder in Bombay anlangte.

Das Esplanade Hotel, welches ich in Bombay bewohne, hat eine schöne Lage. Mein Zimmer ist zwar im fünften Stock, aber ich habe dafür eine herrliche Aussicht auf die ganze Insel, auf welcher Bombay liegt, auf Malabarhill und das blaue Meer mit seinen unzähligen Schiffen, ein Panorama, das Palermo und Neapel, in Europa als die schönsten Orte bekannt, weit hinter sich zurückläßt. Bombay ist auch, was seine Baulichkeiten anlangt, eine wunderschöne Stadt voll stattlicher Paläste. Jeden Morgen, gleich nach Sonnenaufgang mache ich einen Spaziergang durch die palmenbeschatteten Straßen dieser Riesenstadt, dem bunten Treiben des Volkes zuschauend, oder ich besuche die schöne Markthalle, ein großes Gebäude, wo Fische, Gemüse, Früchte und Blumen verkauft werden. Von den Früchten, die in dieser Jahreszeit roh sind, behagen mir die Bananen am meisten, und ich vertilge deren täglich enorme Quantitäten. Die Banane ist eine sehr gesunde Frucht, die man ohne Gefahr genießen kann. Gestern habe ich den deutschen Consul, Herrn Gumpert[21], kennen gelernt und dinirte bei ihm. Er bewohnt eine reizende Villa am Meeresstrande.

Delhi, den 31. Januar 1872
Wie aus dem Datum nachstehender Zeilen zu ersehen ist, habe ich ein gutes Stück von Ostindien durchreist und bin wieder außerhalb der Wendekreise. Ich benutze die Stunden der Tageshitze, wo man nicht gern mit der Sonne zu thun hat, um in den kühlen Räumen des Gasthofes einige Zeilen niederzuschreiben und zu berichten, wie ich hierher gelangt. Es traf sich sehr günstig, daß an demselben Tage, als ich Bombay verließ, auch mein Freund, Mr. McIlwraith, dieselbe Reise unternahm. Er mußte in Geschäften nach Delhi und Calcutta fahren, und ich nahm mit Vergnügen sein Anerbieten an, mich ihm anzuschließen, denn er ist in ganz Indien bekannt, hat in allen Städten seine Agenten, die alles für unsere Ankunft vorbereiten. Er spricht außerdem hindustanisch und führt seine Dienerschaft mit sich, was hier zu Lande auf Reisen fast unerläßlich ist, mehr noch für den Fremden, welcher der Landessprache nicht mächtig ist. Wenn man von der großen Eisenbahnstrecke abweicht, so muß man sogar seinen Koch und Provisionen mitnehmen. Die Hotels in den größeren Städten, und nur in solchen findet man deren, bieten weniger Comfort, als unsere ländlichen Krüge. Gewöhnlich sehen sie sehr hübsch von außen aus, ein im Garten gelegenes einstöckiges Haus, schneeweiß

---

20   *Antilope cervicapra*, Hirschziegenantilope; mittelgroße in Indien und Nepal einheimische Antilope mit langen Korkenzieherhörnern.

21   August Carl Gumpert, hanseatischer Konsul in Bombay; er wurde 1868 zum Konsul des Norddeutschen Bundes, 1871 zum deutschen Konsul ernannt.

oder ziegelroth mit flachem Dache, dicken Mauern, um welche eine breite Säulengalerie läuft, die Sonnenstrahlen von den Zimmern abhaltend, zu welchen man direct von der Säulenhalle gelangt. Thüren, Fenster u. dgl. sind nicht vorhanden, sondern nur ein durch einen Vorhang verdeckter Eingang für jedes Zimmer. Das Zimmer, welches dem Reisenden angewiesen wird, ist hoch und luftig. Es steht in demselben ein großes leeres eisernes Bett, über welchem eine gewaltige Panka schwebt. Nebenbei eine, wenn auch oft sehr primitive Einrichtung, ein Bad zu nehmen. Das ist Alles, was die gasthöfliche Hospitalität dem Reisenden bietet. Kein Tisch, kein Stuhl ist zu sehen. Wer sitzen oder schreiben will, muß sich ins Speisezimmer begeben. Das Bettzeug muß man selbst mitbringen. Abends wird ein zerbrochenes Trinkglas, halb angefüllt mit Cocosöl, gebracht, worin ein erbärmlich brennender Docht schwimmt. Das ist die Beleuchtung. Doch mit diesem gänzlichen Mangel an Comfort wird man ausgesöhnt durch den vortrefflichen Tisch, den man in allen Gasthäusern Ostindiens findet, und ich will auch durchaus nicht Klage führen gegen die primitive Gastwirthschaft. Luxuriös eingerichtete Gasthäuser können hier gar nicht bestehen, weil die europäische Bevölkerung zu gering und der größte Theil der Reisenden außerdem bei Bekannten absteigt. Man zahlt hier im Gasthause gewöhnlich für Logis, Essen etc. 5 Rupien (3 Rbl.) täglich. Gasthäuser der eben beschriebenen Art finden sich übrigens nur in den größeren Städten, in den kleineren kann man nur auf Dakhbungalows rechnen, welche unseren Poststationen entsprechen, jedoch noch primitivere Einrichtungen haben, wo man aber sein Zimmer nur 24 Stunden lang benutzen darf. Von der Abkühlungseinrichtung, welche man Panka nennt, habe ich bereits früher gesprochen. Diese findet man wohl immer über jeder Bettstelle angebracht. In der gegenwärtigen Jahreszeit bedarf man ihrer in der Nacht nicht, im Gegentheil, im Norden Indiens, wo ich mich jetzt befinde, sind die Nächte empfindlich kalt; jedoch im Sommer muß die Panka die ganze Nacht hindurch bewegt werden, sonst giebt es keine Möglichkeit zu schlafen. Ich will nebenbei bemerken, daß dieser Luxus tarifmäßig im Gasthause für die Nacht nur 3 Annas (12 Kop.) kostet, von welcher Summe wahrscheinlich der die Panka bewegende Kuli (Arbeiter der niedrigsten Klasse) nur einen Theil bekommt, wahrlich ein sauer verdientes Brod bei schlafloser Nacht! Das Hin- und Herbewegen wird vermittelst eines durch die Wand geleiteten Seiles vom Nebenzimmer aus bewerkstelligt; da aber der Kuli häufig einschläft, so führt ein zweiter Strick, der um seinen Hals befestigt, zum Bette des Schlafenden, behufs nachdrücklicher Weckung. Gehen wir zu den Eisenbahnen über. Die Waggons erster Klasse auf den großen Tracten von Bombay nach Calcutta und nach Delhi sind zwar ohne jeden Luxus gebaut, aber dennoch sehr bequem für die Reisenden, indem jeder zu seiner alleinigen Disposition einen langen bequem Diwan hat, worauf er sich nach Belieben der Annehmlichkeit eines horizontalen dolce far niente hingeben kann. Meist ist ja in jedem Zuge nur ein

Waggon erster Klasse, denn es dürften kaum mehr als fünf Europäer täglich auf diesen Linien fahren. Die zweite Klasse mit Holzbänken ist für die Bedienten, welche fast jeder Europäer mit sich führt und für die Besseren unter den Eingeborenen. Die dritte Klasse, immer eine unabsehbare Reihe von Waggons einnehmend, aus welchen die Passagiere hinter Gitterwerk hervorschauen, ist für das gemeine Volk. Die Restaurationen auf den Linien, die ich befahren, werden von einem Deutschen gehalten und sind sehr gut. Ein Platz erster Klasse von Bombay nach Calcutta (2130 Werst) kostet 133 Rupien (1 Rupie = 60 Kop. in Silber). Die Fahrzeit mit dem Eilzuge beträgt 60 Stunden. Nur auf den Hauptstationen dieser großen Bahn sieht man Engländer als Stationschefs. Auf den kleineren Stationen sind alle Posten von Eingeborenen besetzt. Doch die Conducteure und Maschinisten sind immer Europäer, oder wenigstens Halbblut.

Nachdem ich diese allgemeinen Bemerkungen vorausgeschickt, will ich einige Details meiner Reise durch Indien mittheilen. Wir verließen Bombay am 26. Januar Morgens. Es schlossen sich uns noch drei reisende Engländer, Bekanntschaften von der Überfahrt aus Suez, an, so daß wir einen Reisebund von fünf Personen bildeten. Nachdem der Zug die Insel verlassen, auf welcher Bombay liegt, und auch die größere, schön bewaldete Insel Salsette durcheilt, erreicht er das Festland, und in einigen Stunden schon kommen wir aus der heißeren Küstenregion mit ihren Cocoswaldungen heraus und steigen die Ghats hinan, jenen bereits erwähnten, der Küste parallel laufenden Gebirgszug. Das Gebirge ist nicht hoch, niedriger als der Thüringer Wald, aber schön bewaldet und reich an pittoresken Scenerien und Wild. Es überrascht, hier in diesen Wildnissen an verschiedenen Stellen regelmäßige Forstculturen anzutreffen. Die Engländer haben nämlich am westlichen Abhange der Ghats große Anpflanzungen von Teakholz gemacht, alles noch junge Bäume, die aber nach 50 bis 100 Jahren einen großen Werth haben werden. Der Teakbaum (*Tectona grandis*)[22], ein hoher stattlicher, ostindischer Baum, mit fußlangen, ovalen Blättern, giebt das beste Nutz- und namentlich Schiffbauholz. Es ist sehr hart und wird weder von Land- noch Wasserinsecten angegriffen, was ihm einen großen Vorzug vor jedem anderen Holze giebt, denn hier zu Lande richten die Insecten, namentlich die weiße Ameise, welches jedes andere Holz zu Staub zerbeißt, große Verheerungen an unter den Holzbauten, Möbeln und Holzgeräthschaften. Anderes Wassergewürm frißt die Holzschiffe in den südlichen Gewässern an. Wegen der Vergänglichkeit des meisten Holzes hier wird auch beim Eisenbahnbau nirgends Holz angewandt, und die Schienen ruhen auf großen umgestülpten eisernen Töpfen, die in die Erde versenkt sind. Nachdem man Jahrhunderte lang die Teakwaldungen in Indien unbarmherzig abgehauen, und jetzt der Baum schon an allen Flüssen und zugänglichen Orten

---

22   *Tectona grandis* L.f., Familie Lamiaceae.

fast ausgerottet, ist dieses Holz sehr theuer geworden. Die englische Regierung hat deshalb regelmäßige Anpflanzungen des Baumes angeordnet. Überhaupt bildet sich jetzt in Ostindien eine regelmäßige tropische Forstwirthschaft aus, natürlich auf ganz anderen Grundsätzen basirend, als unsere europäische. Die Regierung sendet Commissionen, an deren Spitze bedeutende Botaniker und Forstleute stehen, nach allen Richtungen des großen Reiches aus, um die Wälder zu studiren und zu beschreiben und die verschiedenen indischen Nutzhölzer zu prüfen, von denen man bis jetzt nur den kleinsten Theil kennt. Ungemein hart ist das Holz der Palmen, am härtesten die äußerste Schicht, nach der Mitte zu weicher werdend. Ich habe selbst Gelegenheit gehabt, mich zu überzeugen, welche Mühe es macht, einen Palmbaum, selbst von geringer Dicke, umzuhauen. Bei den erwähnten gelehrten Expeditionen sind mehrere deutsche Gelehrte und Forstmänner tätig.

Hat man den Gipfel der Ghats erreicht, so geht die Abdachung nach Centralindien nur ganz allmählich vor sich und man fährt lange auf einer Hochebene, die einen von dem Küstenlande, das ich eben verlassen, ganz verschiedenen Charakter bietet. Das Terrain ist sandig, entsetzlichen Staub entwickelnd, jedoch durchaus nicht unfruchtbar. Weite grüne Felder dehnten sich vor meinen Augen aus. Ich wagte die Bemerkung, daß dieselben unseren Weizen- und Gerstenfeldern nicht unähnlich sähen und erfuhr zu meinem Erstaunen, daß ich wirklich solche vor mir habe. Centralindien, obgleich unter den Tropen gelegen, erzeugt den besten Weizen der Welt; man hat noch nirgends so schweren Weizen gefunden, als den indischen. Dschubalpur[23], im oberen Nerbuddhathal gelegen, ist der Hauptmarkt für Weizen. Mein Begleiter sagte mir, daß dieser hier so billig, daß die Firma Nicol, die nach England exportirt, trotz der theuren Eisenbahnfracht nach Bombay und der Dampfschiffracht nach Europa, dennoch ein bedeutendes benefice beim Weizenhandel hat. Die Felder wechseln ab mit Obstgärten, Wäldern, grünen Wiesen mit weidenden Heerden. Nur vereinzelt sieht man hier und da eine Palme. Es fehlen meist jene breitblättrigen Pflanzenformen, welche der tropischen Landschaft den Charakter verleihen und die Bäume und Laubholzwälder, die man sieht, scheinen bei oberflächlicher Betrachtung, und namentlich aus der Ferne, wenig verschieden von den unserigen. Man könnte sich wirklich aus den Tropen plötzlich wieder nach Europa versetzt glauben, wenn man nicht zu häufig durch Thiere und Menschen wieder an das sonnverbrannte Indien erinnert würde. Man ruft mich rasch ans Fenster. Eine Gesellschaft langschwänziger Affen, welche der Eisenbahnzug bei ihren Turnübungen in einem Mangobaume überrascht, stürzen sich kopfüber aus den Zweigen herab und ergreifen die Flucht auf zwei oder auf vier Beinen, die Schwänze stolz hinten her tragend. Oder wir holen einen Elephanten ein,

---

23   Jabalpur, in Madhya Pradesh.

bedächtigen Schrittes querfeldein schreitend, ein ganzes Haus auf seinem Rücken, aus welchem schwarze Gestalten hervorschauen. Der Elephant, dieses nützliche Hausthier Indiens, das selbst jeder von uns Nordländern von Kindheit an gewohnt ist einzuschließen in die charakteristischen Factoren einer indischen Landschaft, existirt gegenwärtig nur noch an wenigen Stellen wild auf der vorderindischen Halbinsel. Die Vervollkommnung der Jagdgewehre, welche bei uns droht, den Wildbestand gänzlich zu vernichten, läßt auch die Ausrottung dieses edlen und klugen Thieres in Indien im wilden Zustand als nahe bevorstehend erwarten. Die Regierung steht deshalb im Begriffe, die Elephantenjagden in Indien auf das Strengste zu untersagen. In den drei größten Städten Vorderindiens: Calcutta, Bombay und Madras, ist wegen des zu starken Verkehrs in den Straßen und namentlich wegen der europäischen Equipagen daselbst, das Erscheinen von Elephanten untersagt, denn solch ein Koloß sperrt eine ganze Straße, doch in allen übrigen Theilen Indiens sieht man sie ziemlich häufig, theils als Last-, theils als Paradethiere fungirend, namentlich in der Gangesebene.

Nachdem wir längere Zeit durch ziemlich ebenes Land gefahren, gelangen wir endlich in das Thal des oberen Nerbudda, wo die Gegend bergig wird. Längs diesem Strome aufwärts und dann über denselben hinweg führt die Bahn nach der bedeutenden Handelsstadt Dschubalpur. Am Abend des zweiten Tages nach unserer Abfahrt aus Bombay erreichen wir den Ganges bei Allahabad [24] und beschließen, dort zu übernachten und einen Rasttag zu machen, hauptsächlich um uns von der dicken Staubschicht zu säubern, die uns ganz unkenntlich gemacht. Wir beziehen das Gasthaus. Unsere nächtliche Ruhe wird häufig gestört durch die etwas lebhafte Conversation einiger Elephanten, die in unserer Nachbarschaft einquartiert worden. Doch ich bin viel zu sehr Freund der Natur, um mich über Thierstimmen zu beklagen (genuine Katzenmusik wohl ausgenommen), welche meine nächtliche Ruhe stören. Am nächsten Morgen unternehmen wir eine Spazierfahrt durch Allahabad; es ist das eine hübsche gartenreiche Stadt, gerade in dem spitzen Winkel gelegen, wo der Dschumna [25] seine blauen Fluthen in die schmutzig gelben des Ganges ergießt. Vom Fort hat man eine prachtvolle Aussicht auf beide Ströme, deren Wasser, selbst nachdem sie sich zu einem Bette vereinigt, noch lange getrennt neben einander fließen. Es ist gerade ein Hindufest, und Tausende von Menschen pilgern zum heiligen Strome, um sich in dessen Fluthen zu baden, der größte Theil zu Fuß. Andere auf Büffeln, Ochsen, Pferden reitend, die bessere Klasse in kleinen, mit einem Ochsen bespannten Wägelchen dahinrollend, die eigentlich nur aus einer Achse mit zwei Rädern

---

24   Heute Millionenstadt im Bundesstaat Uttar Pradesh, am Zusammenfluß von Ganges und Yamuna (Jamuna). Seit 2018 ist die Stadt in Prayagraj umbenannt.

25   Jamuna, auch Jamna.

und einem Sonnenschirm darüber besehen. Die vornehmsten der Hindus, die Brahminen, werden von bedächtig einherschreitenden Elephanten getragen. Die Europäer in Allahabad wohnen, wie auch in den übrigen Städten und Ortschaften Indiens, gesondert von den ungesunden, enggassigen Stadttheilen der Eingeborenen, in von großen schönen Gärten umgebenen Häusern. Alles ist darauf berechnet, in der heißen Jahreszeit möglichst viel Kühlung zu erwischen. Von Allahabad geht die Haupteisenbahn weiter nach Calcutta, während eine Zweigbahn von hier durch das Duab (zwei Wasser) zwischen Dschumna und Ganges über Delhi, Umritsir[26], Lahore nach Multan führt. Die Bahn wird von Lahore nach Pishawer[27] fortgesetzt und steht ihrer Vollendung entgegen. Dann wird eine zusammenhängende Eisenbahnlinie bestehen von der Grenze von Afghanistan bis fast zur südlichen Spitze von Vorderindien.

Am Abend desselben Tages setzen wir unsere Reise weiter fort auf der eben erwähnten Bahn und erreichen am anderen Morgen früh die Stadt Cawnpore[28], von wo wir einen kleinen Abstecher nach Lucknow machen. Man fährt zu Wagen auf einer langen Floßbrücke über den Ganges und erreicht dann die Station der kleinen Zweigbahn, welche in zwei Stunden nach Lucknow[29] führt, der einstigen prachtvollen Residenz des Königs von Oude, welches Königreich 1846 von den Engländern eingezogen wurde. Des Königs schönes Schloß und die Gärten mit ihren blüthenreichen Terrassen bestehen noch, aber die Fontainen haben längst aufgehört zu spielen, und unbewohnt und verwaist liegen die schönen Räume da. Lucknow war bekanntlich der Ort, wo während des letzten indischen Aufstandes, 1857, ein kleines Häuflein Engländer, darunter fast die Hälfte Frauen und Kinder, sich vier Monate lang gegen große Truppenmassen der Insurgenten vertheidigte, bis sie endlich durch Outram und Havelock[30] befreit wurden. Sie vertheidigten sich in der sogenannten Residence, der Wohnung des Gouverneurs, und den Nebengebäuden, vollständig unbefestigten Plätzen, von allen Seiten durch die Geschütze des Feindes erreicht. Mehr als die Hälfte der Belagerten war bereits gefallen oder an der Cholera gestorben, als der Entsatz kam. Die englische Regierung hat die zerschossenen Gebäude in unverändertem Zustande gelassen und sie bilden eine höchst malerische Ruinengruppe. Tropische Schlingpflanzen klettern an den von Bomben und Flintenkugeln durchlöcherten Mauern empor und umwuchern die Marmordenkmäler der gefallenen Helden. In Cawnpore, welches wir nach einem Aufenthalte von 5 Stunden in Lucknow wieder

---

26   = Amritsar.
27   = Peshawar, nunmehr Zweimillionenstadt im heutigen Pakistan.
28   Stadt mit heute fast drei Millionen Einwohnern im Bundesstaat Uttar Pradesh. Die heutige
        Schreibweise ist Kanpur.
29   Lucknow, hat heute gleichfalls drei Millionen Einwohner und ist die Haptstadt des Bundesstaates
        Uttar Pradesh.
30   James Outram (1803–1863) und Henry Havelock (1795–1857) waren die Befehlshaber des
        Entsatzcorps.

erreichen, befindet sich in einem schönen Garten ein Marmordenkmal, gleichfalls jener denkwürdigen Zeit des Aufstandes geweiht. Nana Sahib[31], einer der Hauptführer der Insurgenten, dessen Aufenthaltsort die Engländer bis jetzt nicht haben ausfindig machen können, ließ in Cawnpore gegen hundert wehrloser englischer Frauen und Kinder niedermetzeln und dieselben, viele noch halb am Leben, in einen großen Brunnen werfen. Dieser Brunnen, der später zugeschüttet worden, führt jetzt den Namen „memorial well". Umflüstert von den Wipfeln schlanker Palmen erhebt sich hier die Marmorstatue einer Frauengestalt, ein Meisterwerk Marochetti's[32]. Hier in Cawnpore war es, wo die heldenmüthige Tochter des General Wheeler, nachdem sie von ihrem Vater und der Schwester getrennt und von einem der Insurgentenführer als Sclavin fortgeschleppt worden, diesem in der Nacht mit dessen eigenem Schwerte den Kopf abhieb, seine ganze Familie tödtete und sich dann in einen Brunnen stürzte.

Agra, der nächste Ort, dem wir einen Tag widmen, liegt seitwärts ab von der Hauptbahn. Eine Zweigbahn führt in 40 Minuten bis an den Dschumna, über welchen man dann zu Wagen auf einer langen Floßbrücke fahren muß, um nach Agra zu kommen. Agra, im Beginne des 17. Jahrhunderts die Residenz des Großmoguls, ist reich an schönen Palästen und Moscheen aus jener Zeit. Doch die Perle, nicht nur von Agra, sondern von ganz Indien, ist der Tadj Mahal, ein Mausoleum, welches der Großmogul, Shah Dshehan [Jahan], in der ersten Hälfte des 17. Jahrhunderts für sich und seine Gemahlin [Mumtaz Mahal] ausführen ließ. Nachdem man durch das Eingangsthor der äußeren Mauer geschritten, erblickt man vor sich einen prachtvollen Garten mit alten Bäumen, durch dessen Mitte ein breiter, von Cypressen eingefaßter Weg führt. Ein Bächlein, in künstlichem Marmorbette fließend und stellweise unterbrochen von Bassins mit Fontainen, folgt der Mitte dieser Allee, an deren Ende sich auf hohem Piedestale, bewacht von vier schlanken Minarets, der glänzend weiße Marmorbau des Mausoleums mit seiner Kuppel erhebt, auf der anderen Seite sich in den blauen Fluthen des Stromes spiegelnd. Ich habe die schönsten Baudenkmäler Europas gesehen, doch muß ich gestehen, daß weder die Mailänder Kathedrale mit ihrem himmelanstrebenden Baue, noch der Kölner Dom, dieser Wunderbau, an welchem seit Jahrhunderten die größten Künstler arbeiten, noch irgend ein anderes europäisches Bauwerk auf mich einen solchen Eindruck gemacht haben, als dieses Product muselmännischer Kunst. Und doch steht das Mausoleum an Großartigkeit seiner Formen weit

---

31   Nana Sahib (1824–1859), Peshwa des Maratha-Reichs, einer der Anführer des Aufstandes von 1857. Er setzte sich nach Nepal ab, wo er zwei Jahre später ums Leben gekommen sein soll. Er ist in Deutschland durch einen „historisch-politischen Sensationsroman" *Nena Sahib* von Sir John Retcliffe (Hermann Goedsche) bekannt geworden.
32   Carlo Marochetti (Turin 1805–1867 Passy), Bildhauer, der das Denkmal *Angel of Resurrection* in Cawnpore schuf.

hinter unseren europäischen berühmten Bauten zurück. Das Ganze erscheint unter der Form einer Moschee, aufgeführt aus weißem, fein polirtem Marmor, sehr einfach, aber höchst geschmackvoll gebaut. Im Innern, welches sehr schwach beleuchtet, denn das Licht dringt nur durch die Eingangsthür, befinden sich, umgeben von einem mit bewunderungswürdiger Kunst in durchbrochenem Marmor gearbeiteten Gitter, die beiden Grabmäler, zwei große Marmorsärge darstellend mit Inschriften und wundervoller Mosaik, verschiedene indische Blumen, zusammengesetzt aus Lapis Lazuli, Turquoisen, Blutjaspis und anderen buntfarbigen Edelsteinen. Die Überreste des Herrschers und seiner Gemahlin ruhen unten im Gewölbe, wo sich ganz eben solche Marmorsärge finden. Der Anblick des inneren Mausoleums ist unbeschreiblich schön, wenn man, wie wir es thaten, dasselbe durch bengalische Flammen beleuchten läßt. Und dieser herrliche Bau erhebt sich blendend weiß aus dem üppigen Laube eines feenhaften tropischen Gartens. Wenn ich bei uns in Europa die schönen Decorationen zu unseren Opern und Ballets anschaute, ergriffen von dem wunderbaren Effecte, den die Kunst hervorzubringen vermag, indem sie oft orientalische Landschaften und tropische Vegetation im herrlichsten Lichte hinzaubert, so glaubte ich immer, daß dieses Ideal des Künstlers von der Natur nie erreicht werde. Doch der hier im Garten des Tadj Mahal erfuhr ich zum ersten Male, daß es wirklich solche Feengärten gebe, wie sie die Phantasie des Künstlers sich ausmalt. Nur hier ist vor meinen Augen Alles von magischem Dufte umflossen, ich athme die frische Morgenluft des tropischen Winters, ich sehe die Thauperlen glänzen auf den breiten Blättern der Tropenpflanzen. Grüne Papageien fliegen kreischend umher; in allen Stellungen hängen sie an den Baumzweigen, am Mauerwerke, in dessen Höhlungen sie ihre Nester bauen, denn noch vor dem Beginn der Regenzeit müssen sie ihre Jungen ausführen. Andere Vögelchen, kaum größer als ein Schmetterling, in verschiedenen Farben glänzend, huschen von einer der großen Blüthen zur anderen und nehmen ihr Frühmahl an duftigem Nektar. Niedliche gestreifte Eichhörnchen hüpfen von Ast zu Ast oder laufen über den Wegen oder an den Baumstämmen. Die buntfarbige Insectenwelt ist gegenwärtig schwach vertreten, denn die prachtvollen Schmetterlinge, die Leuchtkäfer etc. kommen erst zur Zeit der größten Hitze zum Vorschein. Dafür entfaltet aber die Pflanzenwelt sich in aller Pracht in diesem paradiesischen Garten. Fast ohne Zuthun des Menschen gedeiht hier Alles, was die Tropen an schönen Bäumen und Blumen zeigen. Hier rankt eine Bougainvillea hoch hinauf an den Cypressen und Mangobäumen und bedeckt deren Krone mit einem dichten purpurrothen Mantel, dort hüllt die wohlriechende Banksiarose mit kleinen, knopfgroßen Blüthen einen anderen Baum in ihrem Blüthenschnee ein. Eine orangefarbene Bignonia bildet dichte Lauben, die von Ferne gesehen wie Feuer im dunklen Laube glänzen. Und damit alle Farben vertreten seien in dieser Blüthenpracht der Schlingpflanzen, schlingt sich dort um niedriges Gesträuch in vielfachen Windungen ein windenartiges Gewächs mit enormen Blüthen vom schönsten Blau. Doch nicht allein die Blüthen der Pflanzen erscheinen hier in so schönen Farben: In keinem indischen Garten fehlt die Poincettia[33], ein schöner Strauch mit kümmerlichen Blüthen, aber großen blutrothen Blättern (Deckblättern). Die Blätter anderer Pflanzen sind mit Gelb oder Roth gesprenkelt. Und wie schön sind erst die alten, schattigen Bäume, die man zu anmuthigen Gruppen vereint steht, die blühenden Mangobäume, die heilige Banyanfeige, der heilige Pipalbaum, der Brodfruchtbaum[34], welcher seine großen Früchte am gesegneten Aste reift neben der goldglühenden Orange. Oder es ruht dein Auge mit Wohlgefallen auf der schlanken Gestalt der Palmyrapalme, welche alle anderen Bäume hoch überragt und in ihren großen, sonnenschirmartigen Blättern den verschiedenartigsten Vögeln und Vierfüßlern ein willkommenes Asyl bietet.

Doch man darf nicht glauben, daß diese Pracht der Vegetation, wie ich sie im Vorstehenden anzudeuten versucht, sich auf das ganze Land von Indien beziehe. Man findet sie in Nordindien nur in den Gärten, wo alle Tropenpflanzen ohne besondere Pflege in freier Luft gedeihen. Die Länderstrecken im Duab, die man zwischen Allahabad und Delhi zu sehen bekommt, haben durchaus kein charakteristisch tropisches Gepräge. Alles Land hier ist außerordentlich fruchtbar. Viel Baumwolle wird cultivirt, doch mehr noch Weizen und Gerste, und zu meinem Erstaunen sah ich dort auch großartige Culturen von Raps und Lein, deren Samen ind großem Maßstabe nach England zur Ölbereitung exportirt werden. Die indische Leinsaat giebt mehr und besseres Öl, als die russische, der indische Flachs dagegen ist unbrauchbar. Außer diesen Culturen und Fruchtgärten begegnet man aber auch häufig Wäldern und Morästen, doch sieht man im Ganzen wenig hohe Bäume. Wild giebt es hier in großer Menge, und ich bin am Tage, wenn ich auf der Eisenbahn fahre, fortwährend mit dem Opernglase auf der Spähe. Häufig bekommt man wilde Pfauen zu Gesicht oder weidende Heerden des Blackbucks (*Antilope cervicapra*), oder das flüchtige Nilgai[35] (*Portax tragocamelus*), ein sonderbares Thier, zwischen Hirsch und Antilope stehend, zieht in eilenden Sätzen vorüber. Indien ist sehr reich an schönen Vögeln, unter denen die Papageien den ersten Rang einnehmen. An Sümpfen und am Wasser sieht man überall den schönen rothköpfigen Kranich (*Grus antigone*) und einen allerliebsten kleinen schneeweißen Reiher (*Herodias*), den Paddybird[36] der Engländer. Mehrere dieser Thierchen stehen oft nachdenkend auf dem Rücken eines schmutzigen Büffels, der sich im Schlamm kühlt. In der Nähe

---

33   Poincettia, *Euphorbia pulcherrima* Willd. ex Klotzsch, Weihnachtsstern, Familie Euphorbiaceae.
34   *Artocarpus integra* (Thunb.) Merr., Familie Moraceae.
35   Heute ist der üblichere Name: *Boselaphus tragocamelus*. Es handelt sich um die größte asiatische Antilope. Der Hindiname Nilgai bedeutet „blaue Kuh".
36   Indischer Teichreiher, *Ardeola grayii* (Sykes, 1832).

menschlicher Wohnungen hüpft in zahllosen Schaaren der Meynah, ein
niedlicher Staar, welcher an seinem Kleide schwarze, gelbe und rothe Farben
trägt. Verschiedene Arten schöner Tauben girren während der Morgenkühle
in den Wäldern, und eine ganz kleine blau und grün schillernde giebt so laute
Töne von sich, daß man anfangs ein vierfüßiges Thier vermuthet. Krähen giebt
es durch ganz Indien in unglaublicher Menge, ich will sie jedoch nicht zu den
schönen Vögeln rechnen. Ich erwähne hier nur den kleinsten Theil von den
buntfarbigen Vogelarten, die man hier zu Gesicht bekommt, und deren Namen
ich meist nicht kenne. Viele derselben sitzen gern auf den Telegraphendrähten,
ohne vor dem heranbrausenden Zuge fortzufliegen.

Die Bewohner Vorderindiens unterscheiden für diese Halbinsel drei
Jahreszeiten, eine kühle, den sogenannten Winter von October bis März, in
welcher es nie regnet, eine heiße vom März bis Juni, glühende Sonnenhitze,
gleichfalls ohne Regen, und endlich die Regenzeit vom Juni bis October, mit
dem südlichen Monsoonwinde beginnend, wo der Regen fast ununterbrochen
in Strömen fließt. Es giebt Orte in Vorderindien, wo die Regenmenge im Jahre
600 Zoll beträgt. Der Winter ist im nördlichen Theile wunderschön, besonders
sind die Morgen und Abende köstlich. Kein Wölkchen ist während des Winters
am Himmel zu sehen. In der Nacht muß man sich zudecken, denn obgleich
das Thermometer wohl nie unter 10 Grad Wärme sinkt, so läßt doch der
Contrast der Tageshitze (bis 26 Grad im Schatten) – und die indische Sonne
brennt wie durch ein Brennglas, schon einige Stunden nach dem Aufgehen –
die Kühle der Nacht sehr fühlen.

Wir sind heute um 4 Uhr Morgens in Delhi angelangt und haben, die
Morgenkühle benutzend, bereits einen Ausflug nach dem ungefähr 15 Werst
entfernten Kutub, der größten Sehenswürdigkeit Delhis, und den Ruinen
gemacht. Der Kutub[37] ist ein 230 Fuß hoher an der Basis 150 Fuß im im
Umfange Thurm von ganz origineller, cannelirter Bauart, von circa 600 Jahren,
man weiß nicht genau, zu welchem Zwecke, von einem Hinduherrscher
aufgeführt. Jedenfalls ein sehr interessantes Baudenkmal. Was jedoch die viel
gerühmten Ruinen von Delhi anlangt, so bieten sie im Ganzen wenig
Bemerkenswerthes. Delhi ist im Laufe der Jahrhunderte mehrmals geplündert
und zerstört und dann an einer anderen Stelle aufgebaut worden. Die Paläste
und Ruinen, welche ich in Persien, namentlich in Ispahan, gesehen, scheinen
mir viel interessanter zu sein, als die Ruinen des alten Delhi, welche auf einem
Flächenraume von mehreren Quadratmeilen zerstreut liegen. Das moderne
Delhi, einst die prachtvolle Residenz des Großmoguls, ist erst im Beginne des
17. Jahrhunderts erbaut worden. Alle die sprüchwörtlich gewordenen Schätze
des Großmoguls existiren lange nicht mehr.

---

37   Qutab Minar ist der höchste Turm (72,5 m) in Indien und geht auf das Jahr 1199 zurück.

Qutb Minar (Wikipedia, Creative Commons Licence)

Man zeigt nur noch die Marmorplatte, auf welcher einst der berühmte Pfauen-thron, fast ganz aus Gold und Edelsteinen gearbeitet, stand, und an einer anderen Stelle des Palastes liest man im Arabischen eine Inschrift des Großmoguls, deren Übersetzung lautet: „Und wenn es ein Paradies giebt auf Erden, so ist dasselbe hier zu finden." Im Jahre 1736 wurde Delhi sehr gründlich ausgeplündert von Nadir Schach. Ich habe in Teheran alle die kostbaren Edelstein von unschätzbarem Werth gesehen, welche dieser persische Schach aus Delhi heimbrachte. Im königlichen Schlosse zu Teheran werden diese Kostbarkeiten dem begünstigten Beschauer geradezu scheffelweise vor die Augen geführt.

Hier im Victoriahotel in Delhi sind wir umlagert von Kaufleuten aller Art, welche die eigenthümlichen Industriegegenstände dieses Ortes feilbieten, namentlich Shawls, die theuersten kosten 2000 Rupien, Mosaik aus Edelsteinen in Marmor, Malereien auf Elfenbein. Nach einer gegebenen Photographie fertigen die hiesigen Künstler ein reizendes, sehr ähnliches Miniaturbild auf einer Elfenbeinplatte ab, verlangen aber dafür 30 bis 50 Rupien. Auch ein Schlangenbeschwörer hat sich eingefunden und giebt Vorstellungen mit einer Boa von 15 Fuß Länge, einer sehr giftigen Cobra, welche wie eine Katze zischt, sich dabei hoch aufrichtet und die eigenthümlichen Falten an ihrem Kopfe weit ausbreitet. Auch ein schwarzer Skorpion von 6 Zoll Länge spielt eine Rolle bei der Vorstellung. Schließlich wird ein Kampf zwischen einem Ichneumon und einer giftigen Schlange arrangirt, wobei das erste nach hartem Kampfe Sieger bleibt. Das Ichneumon ist ein Thierchen von der Größe und Gestalt des Marders, welches man hier häufig gezähmt sieht. In dieser Jahreszeit trifft man glücklicherweise nur selten giftiges Ungeziefer in Indien an. Dasselbe braucht große Hitzegrade zur Entwicklung seiner vollen Lebenskraft und Giftigkeit. Im Sommer muß man deshalb sehr auf der Hut sein. Häufig zischt Einem aus der Badewanne, in die man steigen will, eine Cobra entgegen, deren Biß meist tödtlich. Man soll in der heißen Zeit unter jedem Steine fast krebsgroße Skorpionen finden. Doch genug für heute. Wir wollen noch eine Spazierfahrt durch Delhi machen.

Nachdem wir Delhi verlassen und 20 Stunden auf der Eisenbahn gefahren, befinden wir uns wieder auf dem großen Tracte von Bombay nach Calcutta, und unser nächster Besuch gilt dem alten berühmten Benares[38] am Ganges, dem Centrum des Brahminencultus und des Hinduismus in Indien. Benares ist für den Hindu, was Mekka für den Muselmann. Wir langen gerade zur rechten Zeit an, um bei Sonnenaufgang eine Bo[o]tfahrt auf dem Ganges zu unternehmen, der hier mehr als eine Werst breit. Um diese Zeit nämlich kommen die frommen Hindus zu Tausenden von den hohen breiten Marmorstufen herab, welche in der Ausdehnung von mehreren Werst das linke, hoch gelegene Gangesufer einfassen, um ihr Bad in dem heiligen Wasser zu nehmen. Heiliges Gangeswasser wird von besonderen Wasserträgern durch ganz Indien zum Verkauf getragen. Das schmutzige Wasser des Ganges ist hier ganz bedeckt von Blumenkränzen, die dem Strome geopfert werden. Es ist namentlich die gelbe Sammetblume unserer Gärten (*Tagetes*) und eine Art

---

38   Heute Varanasi genannt.

Jasmin, welche zu diesem Zwecke zu Kränzen verflochten werden. Zwischen den Blumen treibt auch bisweilen der halbverweste aufgeschwollene Leichnam eines Hindu, auf welchem ein Geier oder ein anderer Raubvogel Platz genommen, langsam den heiligen Strom hinunter. Das hohe Flußufer zunächst den Marmorstufen ist besetzt von Hindutempeln von kegelförmiger Bauart. Dahinter liegt die immense Stadt Benares mit ihren unzähligen Tempeln, engen Straßen und dem bunten Gewimmel nackter Gestalten, aus welchem bisweilen die kolossalen Formen eines Elephanten hervorragen, der vorsichtig durch die Menge schreitet, ohne je Jemand aus Unvorsichtigkeit auf den Fuß zu treten. Das Innere der Hindutempel, deren Besichtigung wir unternehmen, ist weniger anziehend, als ihr Äußeres. Wir hatten es bald satt, in diesen engen Räumen mit ihren stinkenden heiligen Brunnen umherzukriechen. Alles ist überfüllt mit Priestern, blumenbekränzten Ochsen und andächtigem Volke. Man wird außerdem verfolgt von Bettler und Fakirn, nackten, ganz mit Koth und Lehm bemalten Kerlen, die im Geruche der Heiligkeit stehen, aber außer diesem noch einen höchst unangenehmen weltlichen Geruch an sich tragen. Am meisten unter allen Tempeln in Benares amüsirte mich der sogenannte Affentempel, zu welchem jeder Fremde wallfahrtet. Hier werden Affen als heilige Thiere verehrt. Der Tempel selbst ist ganz klein, doch in den Bäumen seines Gartens, auf dem Dache, auf den Mauern sieht man unzählige wohlgenährte Affen sich tummeln. Auf einen Ruf des Priesters sammelt sich die ganze Schaar, um eine Handvoll unter sie geworfene Erbsen unter heftigen gegenseitigen Beleidigungen und Zähnefletschen aufzulesen und vertheilt sich dann wieder auf die Bäume, Dächer und Mauern. Diese Burschen führen hier ein herrliches Leben unter dem vor Prügel schützenden Nimbus der Heiligkeit, und amüsiren sich den ganzen Tag nach Affenart. Sind sie der Purzelbäume in den Baumzweigen müde, so begeben sie sich in den Tempel, läuten die Glocken, wenn es ihnen passend erscheint, verunehren die heiligsten Orte, oder machen eine Excursion in die benachbarten Gärten und Häuser, alles Eßbare ungestraft annectirend. Überhaupt scheint der Affe in Benares ein halbes Hausthier zu sein, wie bei uns die Katze. Man sieht diese drolligen Thiere überall in den Straßen und auf den Dächern und Gartenmauern, von wo sie häufig den vorübergehenden Europäer angrinsen und anmeckern.

Das Land, durch welches uns nun die Eisenbahn weiter nach Calcutta führt, die weite Gangesebene, ist eine der fruchtbarsten und bevölkertsten Gegenden der Welt, mit zahlreichen Dörfern und Städten und ungeheueren Ruinen aus uralter Zeit. Trotz der regenlosen Jahreszeit, welche im übrigen Indien das Gras und das Laub vieler Bäume versengt hat, lacht hier überall ein frisches Grün aus den wasserreichen Fluthen entgegen. Doch Wiesen und Wälder sieht man nur ausnahmsweise. Alles ist ein Culturland, Feld oder Garten. An sumpfigen Stellen ziehen sich große Reisfelder hin, oder die dicken Halme des Zuckerrohrs werden vom Winde hin und her bewegt. Fleißige Menschen sind beschäftigt, dasselbe zu schneiden. Fast unbeweglich steht daneben der graue Koloß eines Elephanten, nur mit den Ohren und mit dem Rüssel leise Bewegungen ausführend. Er wartet geduldig, daß ihm die süße Last auf den breiten Rücken geladen werde. Auf jenen Feldern, in üppigem Grün mit weißen Flecken gemischt, wächst der Opiummohn, jetzt gerade in voller Blüthe stehend, die einträglichste Culturpflanze Indiens, obgleich nicht zu den nützlichsten Pflanzen zu rechnen, denn alles Opium, was hier gebaut wird, geht nach China und dient dazu, eines der größten Culturvölker physisch und moralisch zu Grunde zu richten. Daneben gedeiht die Baumwollenstaude[39], sproßt die Indigopflanze[40] (unseren Wicken nicht unähnlich). Alles Schätze, den Werth von vielen Millionen repäsentirend, welche hier in der brennenden Sonne Indiens reifen und von vielen tausend Schiffen jährlich über die ganze weite Welt verbreitet werden. Indigo geht in großer Menge von hier nach Rußland, wo es, glaube ich, zum Färben des Tuches benutzt wird. Und zerstreut über diesen grünen Teppich stehen schattige Gruppen von Fruchtbäumen. Alle Obstsorten Indiens gedeihen hier in üppigster Fülle. Von der Banane (*Musa paradisiaca*) habe ich, glaube ich, bereits als einer der schmackhaftesten Früchte gesprochen. In der Gangesebene und bei Calcutta erreicht sie das feinste Aroma. Es ist unglaublich, welchen Reichthum an Früchten eine einzige Staude trägt. Diese stehen quirlförmig, meist einige Hundert zu einer großen Traube von fünfzig bis hundert Pfund Gewicht, um einen fast armdicken Fruchtstil gruppirt. Als die schmackhaftesten Früchte Indiens werden der Mango (*Mangifera indica*[41]) und der Mangustan (*Garcinia mangustana*[42]) gerühmt, beide von schönen Bäumen stammend, die jedoch hier eben erst in Blüthe stehen. Im Archipel werde ich reife Früchte finden. Auch die Brodfrucht ist hier in dieser Jahreszeit noch nicht reif. Sehr wohlschmeckend ist die Bhelfrucht (*Aegle marmelos*[43]), von der Größe eines Kindeskopfes. Aus ihr wird ein erfrischendes Sherbet von unbeschreiblichem Aroma bereitet, welches man hier zu Lande am Morgen nüchtern trinkt. Ich folge mit Wohlbehagen diesem Gebrauche. Von den vielen Fruchtbäumen und Früchten, die ich hier sehe und deren Namen mir zum Theil unbekannt, will ich noch die Tamarinde[44] erwähnen, einen der Akazie ähnlichen hohen Baum, dessen dicke, saure Schoten im ganzen Oriente ein erfrischendes Getränk liefern, an welchem ich mich früher häufig in Persien gelabt.

---

39   *Gossypium* L., Familie Malvaceae.
40   *Indigofera tinctoria* L., Familie Fabaceae.
41   *Mangifera indica* L., Familie Anacardiaceae.
42   *Garcinia mangostana* L., Familie Clusiaceae.
43   *Aegle marmelos* (L.) Corréa, Familie Rutaceae.
44   *Tamarindus indica* L., Familie Fabaceae.

Tamarindus indica L.

Bei uns bekommt man die Tamarinden nur in der Apotheke. Die Guavafrucht (*Psidium pyriferum*[45]) sieht einer Birne täuschend ähnlich, nur ist der Geschmack ganz verschieden, sehr aromatisch, jedoch mit einem bitteren Beigeschmack nach Kartoffelkeimen, welcher in der gekochten Frucht nicht existirt. Besser

---

45   *Psidium pyriferum* L., Familie Myrtaceae.

schon mundet die Sapota[46], eine saftige Frucht von der Größe eines Apfels. Außer den fruchttragenden Bäumen sieht man eine Menge anderer schöner Bäume an allen Wegen, schattige Alleen bildend. Namentlich fällt der Baumwollenbaum (*Bombax malabar*[47]), nicht zu verwechseln mit der gänzlich verschiedenen Baumwollenstaude auf, gegenwärtig blattlos, jedoch ganz bedeckt mit faustgroßen zinnoberrothen Blüthen. Die Ricinuspflanze[48] wächst hier als Baum von 20 bis 30 Fuß. Der Bambus, obgleich zu den Gräsern gehörend, bildet schöne, dichte Baumgruppen mit Stämmen von beinahe Fußdicke. Die Palmyrapalme (*Borassus flabelliformis*) und die wilde Dattelpalme (*Phoenix sylvestris*), welche im Innern von Indien nur spärlich außerhalb der Gärten anzutreffen sind, sehe ich hier wieder in dichten Wäldchen stehen, umrankt von schönen Schlingpflanzen. Nur die Cocospalme fehlt, denn sie liebt die Nähe des Meeres und läßt sich gerne von den Seebrise wiegen. Jedoch schöne Exemplare des bereits öfters erwähnen heiligen Banyanbaumes und des zitternden Pipal findet man überall. Die Eisenbahn ist zu beiden Seiten von dichten, undurchdringlichen Cactushecken eingefaßt, hauptsächlich um die Büffel, welche gern auf der Bahn ihre Wiederkäuungssiesta halten und schon manches Unglück angerichtet haben, abzuhalten. Im bunten Wechsel wiederholen sich so auf der Eisenbahnfahrt diese angedeuteten Scenerien von Dörfern, Städten, Feldern, Fruchthainen etc., Alles belebt von einer buntfarbigen Vogelwelt. Von Zeit zu Zeit bekommt man den Ganges zu Gesicht, auf dessen rechtem Uferlande die Bahn fährt, wie er langsam seine Wassermassen durch das flache Land wälzt. Dieses gesegnete Land hier ist der älteste Theil der alten, civilisirten Welt. Überall finden sich die Ruinen einer alten, mächtigen Cultur. Von hier gingen vor Jahrtausenden die Glaubensdogmen aus, welche noch jetzt den größten Theil Asiens beherrschen. Unweit Patna verlassen wir die Eisenbahnlinie, welche den Ganges weiter begleitet, fast bis zu seiner Vereinigung mit dem Brahmaputra und verfolgen die erst im vorigen Jahre eröffnete Chordline, welche direct nach Calcutta führt. Wir gelangen zu reichen Kohlenlager, die stark ausgebeutet werden, erreichen den Hoogly, diesen mächtigen Arm des Ganges, dessen Ufer von dichten Dschungels eingefaßt sind, und halten endlich in Howrah[49], gegenüber Calcutta. Der Strom ist zu breit, um eine Eisenbahnbrücke darüber zu spannen. Die Communication mit der großen indischen Capitale wird durch einen kleinen Dampfer bewerkstelligt.

Während meines Aufenthaltes in Calcutta genieße ich die Gastfreundschaft des Mr. Grant, Vertreter der bereits öfters erwähnten Firma Nicoll in Calcutta. Er bewohnt einen großen Palast und lebt wie alle reichen Leute in Calcutta mit

---

46   *Manilkara* Adans., Familie Sapotaceae.
47   *Bombax malabaricum* DC., Familie Malvaceae, Asiatischer Kapokbaum.
48   *Ricinus communis* L., Familie Euphorbiaceae.
49   Haora, heute eine Stadt mit einer Million Einwohnern, im Bundesstaat Westbengalen.

großem Luxus. Er stellt mir für die Zeit meiner Anwesen seine Equipage und eine Schaar von Dienern zu Gebote und verschafft mir in liebenswürdigster Weise alle Möglichkeiten, die Merkwüdigkeiten Calcutta zu sehen. Was soll ich nun scheiben über diese gewaltige Metropole Ostindiens, ohne meinen Brief, der bereits sehr umfangreich geworden. zu sehr auszudehnen. Das gesellschaftliche Leben in Calcutta wäre recht angenehm, wenn hier nicht eine so strenge Etiquette in der Kleidung herrschen würde, strenger als irgendwo in Europa. Es ist in Calcutta schon unangenehm heiß, und nur in den Morgenstunden kann man etwas Kühlung athmen. Trotzdem darf man sich auf der Straße, wenn man Bekannte hat, und nicht für einen ganz gemeinen Kerl gelten will, selbst im heißesten Sommer nicht anders als im schwarzen Tuchrock und im schwarzen runden Hut sehen lassen. Diners werden natürlich immer im Frack und mit allen andern Chikanen abgehalten; im Theater kann man nur im Frack und mit weißen Handschuhen erscheinen. Gestern speiste ich mit meinen Freunden im Bengalclub an der table d'hôte, wo keine geladenen Gäste waren, sondern jeder für sein Geld speiste. Alle Herren waren im schwarzen Frack mit weißer Binde und weißen Handschuhen, wir genossen unser Diner (ich natürlich ebenso gekleidet), trotzdem daß die Pankas über unseren Köpfen arbeiteten, im Schweiße unseres Angesichtes. Es ist unbegreiflich, wie man sich in diesen heißen Ländern durch eine unsinnige Etiquette eine solche Tortur auferlegen kann. Doch der Engländer scheint ein Vergnügen darin zu finden, sich das Leben durch unbequeme, steife Formen möglichst langweilig zu machen. Er lebt überall, wo er hinkommt, sei es in den Polarregionen, sei es unter dem Äquator, so wie in England, und paßt seine Lebensart nicht im Geringsten dem Klima an, wie es die anderen Nationen thun. Wenn ein Engländer ins Innere von Afrika reist, so bildet gewiß die Hutschachtel einen Theil seines Gepäckes, und im Koffer wird ein schwarzer Rock zu finden sein. Die Engländer trinken in den heißen Klimaten sehr viel starke Spirituosen, vielleicht mehr noch als zu Hause, was unbedingt schädlich. Sie behaupten, es lindere die Hitze und mischen auch ihr Sodawasser zur Hälfte mit Brandy.

Am Abende, bei Sonnenuntergang, sieht man die ganze vornehme und schöne europäische Welt Calcuttas en grande tenue, dazwischen aber auch manchen indischen Prinzen, auf der Promenade. Das ganze drei bis vier Werst lange Quai am Hoogly, der Strand genannt, ist dann mit schönen Equipagen und Reitern bedeckt. Es ist ein prachtvoller Anblick, den man hier genießt. Auf der einen Seite der breite stattliche Strom, soweit das Auge reicht, mit Schiffen aller Nationen bedeckt, auf der anderen Seite die prachtvollen Paläste und üppigen Gärten. Calcutta zählt gegenwärtig mehr als eine Million Einwohner, meist Hindus, nur 20,000 Europäer, die, wie in allen übrigen Städten Indiens, meist gesondert von den Eingeborenen leben und sich in der Nähe der Festung, unter deren Schutz niedergelassen. Man scheint hier nicht mit dem Raume zu geizen, wie in unseren großen Städten. Die Häuser sind meist nicht eng aneinander gereiht, sondern durch weite Gärten und große freie Plätze getrennt.

Sie sind alle in orientalischem Style, mit flachen Dächern, Verandas, Terrassen, angelegt. Die Zimmer sind hoch, immer den Zugwinden ausgesetzt und mit großen Pankas versehen. Alles ist darauf berechnet, der glühenden Hitze des Sommers einige Grade abzugewinnen. Was die Pracht seiner Paläste anlangt, so kann sich Calcutta sicher London und Paris an die Seiten stellen. Das Government House, das Palais des Vicekönigs, inmitten eines reizenden Gartens gelegen, zu welchem vier schöne Thore führen, ist einer der geschmackvollsten Bauten, die ich je gesehen. Auf allen Plätzen und in den öffentlichen Gärten erheben sich zwischen Palmbüschen prachtvolle Monumente und Statuen der Männer, welche sich um Indien verdient gemacht haben, meist Generalgouverneure oder Helden aus dem letzten verzweifelten Kampfe um die Herrschaft Indiens.

Ich wohne bei meinem liebenswürdigen Gastfreunde, Mr. Grant, sehr angenehm. Ein großes kühles Zimmer steht zu meiner Verfügung; ich brauche nur zu winken, und die Panka beginnt, von unsichtbaren Händen bewegt, ihre kühlenden Pendelschwingungen. Einen großen Luxus treiben die Europäer hier mit der Dienerschaft. Ein ganzes Heer halbnackter Gestalten umschwärmt fortwährend die Europäer der besseren Klasse. Übrigens ist dieser Luxus nicht so theuer als in unseren großen Städten. Lebensmittel sind in Ostindien beispiellos billig und dadurch bedingt auch der Arbeitslohn ein sehr geringer. Ein gewöhnlicher Arbeiter in den großen Städten (ein sogenannter Kuli) erhält nicht mehr als 3 bis 4 Rupien (à 60 Kop.) im Monate. Das genügt, um ihn und seine Familie zu unterhalten. Der Eingeborene der niedrigsten Klasse hat eigentlich keine anderen Bedürfnisse, als die, welche sein Magen ihm dictirt, und diese kann er mit 2 Kop. täglich reichlich befriedigen. Wohnung in diesen heißen Ländern ist Nebensache und die Ausgabe für Kleider Null. Ein Schnupftuch enthält genug Stoff, um zwei dieser schwarzen Burschen zu kleiden.

Abends spät und in der Nacht hört man meist regelmäßig in den Straßen Calcuttas einen sonderbaren Lärm, der große Ähnlichkeit hat mit dem, was man bei uns eine von bösen Buben dargebrachte Katzenmusik nennt. Geheul, Gebell, Miauen, Pfeifen, Kindergeschrei, Alles hört sich durcheinander. Diese Töne, als ich sie zum ersten Male hörte, kamen mir so bekannt vor, und doch wußte ich anfangs nicht, mit welchen städtischen Tönen, denn ich wohne ja in einer großen Stadt, ich sie zusammenbringen sollte. Endlich erinnerte ich mich, daß ich eigentlich Töne der Wildniß höre, denn es handelte sich um ein vielstimmiges Concert von Schakalen. Ich habe diese Concerte so häufig in früheren Jahren in Persien gehört, und es kam mir jetzt die Erinnerung an eine Reise im Elbursgebirge, wobei mir die Schakale einen Schuh aus meinem Zelte stahlen. Hier in Calcutta zählen sie zu den Einwohnern der Residenz. Sie leben in Höhlen unter den Häusern. In der Dunkelheit halten sie gleichfalls ihre Promenaden in den Straßen, nur etwas später als die vornehme Welt.

Sehr angenehme Stunden habe ich im botanischen Garten in Calcutta verlebt, wo mich der Custos desselben, Dr. Kurz[50], ein Deutscher, sehr freundlich empfing. Seine Bekanntschaft war sehr lehrreich für mich. Er ist ein bedeutender Botaniker. Die englische Regierung hat ihn bereits mit mehreren Expeditionen betraut, namentlich nach Burmah und nach den Andaman-Inseln, behufs der Erforschung der Wälder und Bestimmung der brauchbaren Bäume. In Burmah mußte er seine Forstrevision auf Elephanten vollziehen, die erst die Bäume niederbrechen mußten, um Bahn zu schaffen. Leider liegt nur der botanische Garten sehr weit vom Centrum der Stadt, auf der anderen Seite des Hoogly, stromabwärts, und wenn man nicht richtig auf Ebbe und Fluth speculirt, so braucht man oft mehr als eine Stunde, um zu Boot über den Fluß zu setzen. Calcutta hatte einst den schönsten botanischen Garten Asiens mit schönen seculairen Bäumen. Doch der große Sturm von 1864 hat sie fast alle entwurzelt und man sieht jetzt beinahe nur junge Anpflanzungen. Nur ein alter ehrwürdiger Banyanbaum hat sich durch die vereinen Kräfte seiner in der Erde verwurzelten Zweige erhalten. Es ist dies einer der schönsten Bäume dieser Art, die ich in Indien gesehen. Obgleich nicht so ausgedehnt, als der früher erwähnte Kabirbar auf der Nerbuddainsel, so hängen doch die von dem ursprünglichen Baume ausgehenden Descendenten alle durch ihre Äste mit diesem zusammen, und bilden so ein schattiges Laubdach, durch welches kein Sonnenstrahl dringt, von beinahe hundert Schritt im Durchmesser. Dieser Baum begann anfangs, d.h. vor Jahrhunderten, als dünner Schößling an einer stattlichen Palmyrapalme emporzuwachsen, umklammerte diesen mit seinen Luftwurzeln, welche, immer stärker werdend, zuletzt die Palme erwürgten. Lange noch hielt der heilige Baum, der unterdessen mächtig geworden, die todte Palme umschlossen. Jetzt ist diese bereits vollständig vermodert, ihr Andenken hat sich nur durch Tradition erhalten. Aber der heilige Baum prangt noch im frischesten Grün seiner großen, lederartigen Blätter und schaut ehrwürdig herab auf eine Schaar von Söhnen, Enkeln und Urenkeln, die mit ihm, durch das engste Familienband vereinigt, einen heiligen Hain bilden, zu welchem der fromme Hindu pilgert. Ich habe in Indien sehr häufig diesen beginnenden Pflanzenkampf zwischen der Palmyrapalme und dem heiligen Banyanbaum gesehen. Man kann sich nichts Anmuthigeres denken, als dieses Bild der Palme, wenn deren nackter, doch himmelstrebender Stamm am unteren Theil dicht vom dunklen Laube des Banyanbaumes umstrickt wird. Diese Erscheinung ist übrigens leicht zu erklären. Viele Vögel lieben die

---

50   Sulpiz Kurz (1834–1878), weitgehend autodidaktisch gebildeter Botaniker, arbeitete 1856–1863 am botanischen Garten in Buitenzorg, 1863–1878 als Kustos am botanischen Garten in Seebpore (Sibpur) bei Kalkutta.

kleinen Feigen des Banyanbaumes, und wenn sie später ihre Nachtruhe unter den schirmenden Blättern der Palme halten, so gelangen die Samen der Feige auf leicht erklärliche Weise in den Boden zunächst des Palmbaumes.

Als ich in Calcutta anlangte, fand ich die Stadt in tiefer Trauer. Vor einigen Tagen war der Vicekönig von Indien, Lord Mayo[51], sehr populair und geliebt im ganzen Lande, auf einer Vergnügungsreise, wobei er die Andaman-Inseln besuchte, dort von einem Sträflinge erdolcht worden. Vorgestern langte die Leiche in Calcutta an und wurde mit dem größtmöglichen orientalischen und europäischen Pompe vom Schiffe nach dem Government House gebracht. Ich sah diese Procession, bei welcher große Truppenmassen einheimischen Militairs fungirten, mit vielem Interesse an. Diesem unglücklichen Ereignisse habe ich es zu verdanken, daß ich fünf Tage in Calcutta bleiben konnte, was mich durchaus nicht contrariirt. Es wurde nämlich angeordnet, daß für mehrere Tage alle Läden geschlossen sein und alle Geschäfte ruhen sollten, weshalb das Dampfschiff, welches am 3. Februar nach Singapore auslaufen mußte, seine Ladung erst bis zum 8. einnehmen kann.

Die Hitze in Calcutta, welche jetzt schon am Tage sehr drückend, muß fürchterlich sein in einigen Monaten. Das ist die böse Zeit, wo die in Calcutta lebenden Europäer arg heimgesucht werden von Krankheiten, namentlich Sumpffiebern. Der Vicekönig, sein Gefolge und die meisten Behörden haben übrigens ihren Sitz nur für 5 Monate in Calcutta, für die übrige Zeit wandern sie aus nach den kühleren Regionen im Himalaya. Die Sommerresidenz ist in Simla[52] 8000 Fuß hoch, welches man von Calcutta in 48 Stunden Eisenbahnfahrt (über Delhi nach Umbala[53]) und 12 Stunden Post erreicht. Die schneeigen Gipfel des Himalaya habe ich leider nicht zu sehen bekommen. Von der Gangesebene aus ist das Gebirge selbst bei klarem Wetter nicht zu sehen.

Das sind ungefähr die Eindrücke, welche ein dreiwöchentlicher Aufenthalt in Vorderindien auf mich hinterlassen und die ich mich bemüht habe, wenn auch etwas unordentlich durcheinander geworfen zu skizziren. Morgen in der Frühe verlasse ich Calcutta.

Im Golfe von Bengal, in der Gegend der Andaman-Inseln, den 11. Februar 1872.
Da schwimme ich nun wieder schon seit mehreren Tagen auf den blauen Wogen des Oceans, den Gestaden des indischen Archipels zu, und das Festland von Ostindien liegt wie ein herrlicher Traum, wie die Decorationen eines Zauberballets, vor welchem der Vorhang gefallen, hinter mir. Das Schiff,

---

51   Lord Mayo – Richard Southwell, 6. Earl of Mayo (Dublin 1822–1872 Port Blair, Andamanen),
      Generalgouverneur und Vizekönig von Indien. Vgl. Alexander John Arbuthnot: Bourke, Richard
      Southwell. In: Leslie Stephen (Hrsg.): *Dictionary of National Biography*. Band 6.1886, 21–24.
52   Heute Shimla, liegt auf 2276 m Höhe; es ist die Hauptstadt des Bundesstaates Himachal Pradesh.
53   Heute: Ambala, Stadt im Bundesstaat Haryana.

auf welchem ich Passage genommen nach Singapore, ist ein sogenannter Opiumsteamer, der Firma Jardine und Matthiessen [Matheson] angehörig, welcher schwer beladen mit Opium nach Hongkong fährt, unterwegs aber in Penang und Singapore anlegt. Er trägt den sonderbaren Namen „Historian", ist aber sonst ein kleines, schmutziges Dampfschiff mit schlechten, dumpfen Kajüten für die Passagiere. Die Devise der Firma ist, wie man auf allen Tellern, Tischtüchern etc. lesen kann: „pro Deo et patria", und doch besteht ihre ganze Thätigkeit einzig und allein darin, die Chinesen mit Opium zu vergiften. Eine dicke, gemüthliche Lady mit verschiedenen kleinen Kindern und ich, wir sind die einzigen Passagiere an Bord. Der Capitain hat eine hübsche junge Frau, die mit einem kleinen Kinde ihren Mann begleitet und bereits länger als ein Jahr immer auf dem Schiffe lebt, welches zwischen Hongkong und Calcutta fährt.

Wir lichteten die Anker am 8. Februar, Morgens, und dampften den Hoogly hinunter, anfangs nur mit Mühe uns hindurchlootsend zwischen den großen und kleinen Dampf- und Segelschiffen mit allen möglichen Flaggen, weiter unten jedoch mehr Wasser gewinnend. Nochmals zieht das schöne Panorama von Calcutta an mir vorüber, der High Court, das Government House, die Eden gardens, die großen Paläste am Chowring Hee, einer der Hauptstraßen Calcuttas. Dann kommt die Festung, weiter unten der Palast des alten Königs von Oude, der hier in einer lieblichen Gegend die ihm von den Engländern bewilligte große Pension verzehrt. Man hört das Brüllen der wilden Thiere, die er zu seinem Vergnügen hält. Schräg gegenüber zieht sich der botanische Garten am rechten Flußufer hin. Dann dampft unser Schiff hinaus in eine wilde Gegend, der Fluß windet sich durch Sümpfe und Dschungels. Hier kann man sicher sein, vom Tiger gefressen zu werden, wenn man ans Land geht. Die Fahrt von Calcutta bis zum Leuchtschiff, wo das offene Meer beginnt, dauert 24 Stunden, wenn man Ebbe und Fluth richtig benutzen kann. Wir mußten während der folgenden Nacht im Flusse vor Anker liegen, weil man wegen der vielen Untiefen und der eintretenden Ebbe bei Nacht nicht fahren konnte. Es war eine qualvolle Nacht für uns, Millionen von Mosquitos hatten sich auf dem Schiffe eingefunden und erfüllten alle Räume, wo sie ein lebendes Wesen vermutheten. Was man hier mit dem wohlklingenden Namen Mosquitos belegt, sind unsere ganz gewöhnlichen plebejischen Mücken, die ebenso nerven-erregend singen, als die europäischen, an Blutdurst aber dem Tiger gleich-kommen. Da war für die Nacht nirgends Ruhe zu finden. Mit Tagesgrauen setzten wir unsere Reise fort; der Hoogly wird viele Werst breit. Endlich erreichen wir das Leuchtschiff, setzen unseren Lootsen ab und steuern dann gerade auf Penang los, unsere nächste Haltestation. Ich fürchtete schon, daß die Mücken als Passagiere mitgehen würden, doch zu unserer Beruhigung machen wir die Erfahrung, daß sie die Seeluft nicht vertragen, denn sie verschwinden schon am ersten Tage der Seereise vollständig. Trotzdem ziehe ich es vor, Nachts nicht in meiner Kajüte zu schlafen, denn neben mir hat sich

die dicke Lady mit ihren schreienden Kindern niedergelassen, und Kindergeschrei ist für den Schlafbedürftigen ebenso angenehm, als Mückengesumm.
Ich bette mich auf dem Deck, wo es sich wunderbar schön schläft, wenn einem
auch bisweilen eine feiste Schiffsratte über den Körper läuft. Wie bei meiner
Überfahrt aus Suez nach Bombay erhellt wiederum der Mond die stille Nacht.
Umsäuselt von milden Seezephyren hört man nichts als das leise Plätschern
der Wellen, welche zur Seite eilen, wenn das Schiff die spiegelglatte Fluth theilt,
und das dumpfe, rhythmische Stampfen der Maschine. Nach 6 Uhr Morgens
steigt die Sonne roth und glühend aus dem Meere auf, die Schiffsleute
beginnen das Deck mit Wasser zu überfluthen, und es ereignet sich bis zum
nächsten Sonnenaufgange nichts Neues, wenn man nicht das Erscheinen eines
Dampfers oder Segelschiffes am Horizonte oder das Begegnen einer
Riesenschildkröte, die einem großen runden Tische ähnlich auf dem Wasser
schläft, zu den Ereignissen rechnen will. Doch gestern Abend fuhren wir an
den Andaman-Inseln vorbei, sahen aber wegen der Dunkelheit nur das
Leuchtfeuer auf Cocos Island, der nördlichsten Insel.

Für unsere Erheiterung an Bord sorgen zwei reisende Seiltänzer aus der
Klasse der Vierhänder. In Calcutta hat sich auf unserem Schiffe, man weiß
nicht woher, ein Affenpaar eingefunden. Sie wollen vielleicht zu Verwandten
nach Singapore reisen, ohne die Passage zu bezahlen. Diese Thierchen sind
unermüdlich in equilibristischen Künsten, wozu ihnen die Schiffstakelage ein
sehr geeignetes Feld bietet. Man sieht sie bald auf der Spitze des Mastes
hockend, bald in rasender Eile über die Taue laufend oder von einem Segel
zum anderen springend. Bisweilen kommen sie auch herab auf das Deck und
unterlassen dann nicht, das übrige Schiffsvieh, als da sind Schöpse, Kaninchen,
Ferkel etc., zu zergen, an die Ohren zu reißen und zu ohrfeigen, worauf sie
pfeilschnell wiederum verschwinden. Man läßt ihnen freien Willen, so lange sie
sich keine Diebssünden zu schulden kommen lassen und verlangt keine
Disciplin von ihnen.

Straße von Malacca, südlich von Penang, den 15. Februar 1872
Gestern Nachmittags langten wir in Penang an. Diese bergige kleine Insel, auf
den Karten auch als Prince of Wales Island verzeichnet, gehört den Engländern.
Sie liegt etwa 5 1/2° nördlich vom Äquator, ist ca. 25 Werst lang und 12 Werst
breit, und von der Halbinsel Malacca nur durch eine schmale Meerenge
getrennt, an welcher die die Hauptstadt George Town und der Hafen liegen.
Wir sehen die Berge von Penang schon mehrere Stunden vordem wir anlangen,
und entdecken mit dem Fernrohre, daß sie ganz bewaldet ist. Bis zu den
höchsten Bergspitzen zieht sich der dunkle Urwald hinauf, man kann auch kein
Fleckchen waldlosen Terrains wahrnehmen. Näher gelangt, erkennen wir
deutlich die dichten Cocoswälder mit ihren grauen hohen Stämmen, an deren
oberen Ende die großen Wedel gruppirt sind. Die Cocospalme wächst auch

hier zunächst an der See in üppiger Pracht, und ebenso bildet sie an der Malacca-Küste, so weit das Auge reicht, ein dichtes Gehölz am Seeufer. Da mein Schiff für 6 Stunden ankert, habe ich Zeit, eine Spazierfahrt in der Umgebung Penangs zu machen, und wo die fahrbare Straße aufhört, bis zu einem schönen Wasserfall im Gebirge hinaufzureiten. Penang ist ein wunderliebliches Eiland. Eine solche Üppigkeit der tropischen Vegetation und einen solchen Reichthum an den verschiedenartigsten Früchten, wie hier, habe ich noch nicht gesehen. Ein schöner Weg führt von der kleinen Stadt bis zum Fuße der Berge durch dichten Palmenwald voll buntblumiger Sträucher und Schlingpflanzen. Die Cocospalme scheint sich hier sehr behaglich zu fühlen und erreicht eine Höhe von 80 bis 100 Fuß. Hoch oben, wo die Blätter nach allen Richtungen auseinander gehen, hängen die kolossalen Bündel aus 10 bis 15 (bisweilen habe ich aber auch bis 30 gezählt) mehr als kopfgroßen Cocosnüssen bestehend. Die Nuß ist so schwer (10 Pfund und mehr), daß sie beim Herabfallen einen Menschen tödten kann. Hier sehe ich zuerst auch eine andere Palme, welche für die Bewohner der Inseln des Archipels von größter Bedeutung ist. Die Areca oder Betelnußpalme[54] wächst überall auf der Insel in graziösen Gruppen und hat ihr auch den Namen gegeben, denn Penang ist der malayische Name für Betelnuß. Sie hat, wie die Cocospalme, lange gefiederte Blätter, unterscheidet sich aber von derselben leicht dadurch, daß die Blätter stark nach unten gekrümmt sind, wie eine Hahnenfeder. Außerdem sind die Früchte nur von der Größe eines Hühnereies und von gelbrother Farbe. Entfernt man die dicke fibröse äußere Schicht der Frucht, so findet man darin die wallnußgroße harte Betelnuß. Diese wird bekanntlich seit uralten Zeiten von den Bewohnern Indiens, des Archipels und Ostasiens zusammen mit dem Blatte des Betelpfeffers[55] (Chavica Betel) und gestoßenen Austernschalen gekaut, was Zähne und Lippen carminroth färbt. Betel wird in diesen Gegenden von Jedermann gekaut, wie man bei uns Tabak raucht. Im Schatten diese großartigen Palmenwaldes sieht man malerisch zerstreut die bescheidenen Hütten der Malayen, die bereits mit mehr Sorgfalt gebauten Häuser der Chinesen, welche den größten Theil der Bevölkerung der Insel ausmachen, und endlich auch in geschmackvollem Style erbaute Villas der Europäer. Einige Werst von der Küste, wo das Terrain anzusteigen beginnt, werden die Palmen seltener, aber dafür bemerke ich andere schöne Bäume, deren Namen Allen geläufig, denn ihre Erzeugnisse fehlen in keinem kurischen Haushalte.

54　　*Areca catechu* L., Familie Arecaceae.
55　　*Piper betle* L., Familie Piperaceae.

Areca Catechu L.

Dort wächst der wohlriechende Muscatnußbaum[56], seine Früchte haben die
Größe und Gestalt einer kleinen Birne. Schneidet man das Fleisch auf, so sieht
man darin die reizende Nuß liegen, schwarz, von blutrothem Netzwerke
umgeben. Das letztere kennt man getrocknet als Muscatnußblüthe. Ferner
erkenne ich am Geruche seiner schönen glänzenden Blätter und mehr noch
der abgebrochenen Zweige den Zimmt- oder Caneelbaum[57], der eben seine
weißen Blüthensträuße entwickelt. Am Geschmacke erkenne ich den Pfeffer,
der theils wild theils cultivirt um Bäume und Stangen rankt. „Gehe hin, wo der
Pfeffer wächst", ist ein nicht sehr wohlwollender Wunsch, bei uns zu Lande

---

56   *Myristica fragrans* Houtt., Familie Myristicaceae.
57   *Cinnamomum verum* J. Presl., Familie Lauraceae.

üblich. Man ahnt nicht, welch eine paradiesische Heimath der Pfeffer[58] hat. Dieses kleine Bäumchen hier mit glänzenden Blätten, schönen weißen Blüthen und an einzelnen Exemplaren mit rothen Beeren ist der Kaffeebaum, welcher hier cultivirt wird, aber auch halbwild vorkommt. In der Beere befindet sich die berühmte Bohne. Wohin werden wohl die Bohnen dieser Bäumchen kommen, die ich hier vor mir sehe? Jedenfalls nach Europa. Doch ob sie beim Dessert eines lucullischen Gastmahls ihr Aroma verbreiten, oder im bescheidenen Kränzchen redselige Kaffeeschwestern begeistern werden, ist schwer zu entscheiden. Doch ich vergesse, daß der Kaffee der Kaffeeschwestern aus der edlen Cichorienwurzel bereitet wird und mit dem genuinen Kaffee nur das gemein hat, daß beide geröstet werden. Ich hatte nicht so viel Zeit, bis zum Gipfel des nicht sehr hohen Bergrückens hinaufzureiten, denn die Sonne ging bereits unter und ich mußte zum Schiffe zurück. Wie gern wäre ich einige Tage auf dieser schönen Insel geblieben, deren Klima gemäßigt und gesund ist. Doch ich kann das nicht mit meinen ferneren Reiseplänen in Einklang bringen. Ich nehme wenigstens eine ganze Ladung Früchte mit, um sie dort mit Muße erst vom wissenschaftlichen und dann vom gastronomischen Standpunkte zu untersuchen. Nachdem mein Dampfer wieder hinausgefahren ins Meer, mache ich mich zunächst an die größten der Früchte, die Cocosnüsse. Jeder der Eingeborenen auf dem Schiffe versteht damit umzugehen. Es wird mit einem Beile der oberste Theil der Nuß abgeschlagen und es fließt mehr als ein Stof[59] klaren Wassers heraus, welches für sehr wohlschmeckend und erquickend gilt, mir aber nicht besonders behagt. Es hat genau den Geschmack frisch abgezapften Birkwassers, ist nur viel süßer. Darauf wird die entleerte Nuß gespalten und mit einem Löffel ißt man die das Wasser umgebende, einen Zoll dicke weiße Schicht von blanc-manger Consistenz, welche recht gut schmeckt. Eine andere Frucht, die ich mitgebracht, führt den englischen Namen Custard apple (Schmandapfel), der wissenschaftliche Name ist *Anona reticulata*[60]. De Frucht von der Größe einer kleinen Melone, hat die Fom und Schuppen wie ein Tannenzapfen. Das Innere ist angefüllt mit eine zarten Masse von der Consistenz und dem Ansehen von dickem sauerem Schmand. Der Geschmack ist säuerlich und von einem unbeschreiblich schönen Aroma begleitet. Die Frucht des Melonenbaumes (*Carica Papaya*[61]) eines schönen Baumes mit melonenartigen Früchten, wird von den Eingeborenen sehr geschätzt, von mir aber als ungenießbar zurückgewiesen.

---

58 *Coffea* L., Familie Rubiaceae.
59 Flüssigkeitsmaß, entspricht etwa 1 Liter.
60 *Annona reticulata* L., Familie Annonaceae.
61 *Carica Papaya* L., Familie Caricaceae.

Carica Papaya L.

Dagegen exhaliren die Penanger Bananen (hier Pisang genannt), ein so köstliches Aroma, wie ich es bisher noch nicht an dieser Frucht gefunden, sind aber so zart, daß die von mir mitgebrachten und in meiner Kajüte deponirten schon am anderen Morgen in eine schwarze, unkenntliche Masse verwandelt waren, die abscheulich stank. Sie müssen in der freien Luft hängen, im Zugwinde, sonst verderben sie sehr rasch. Eine große Banane ist 6–8 Zoll lang, 1–1 1/2 Zoll dick. Sie hat die zylindrische Gestalt einer Gurke. Die dicke, weiche Schale ist von gelber Farbe und läßt sich sehr leicht mit den Fingern entfernen, worauf die mehlige, schleimige Frucht zu Tage tritt. Penang ist auch berühmt wegen seiner Ananas[62]. Ich kaufte einige von mehr als Fuß Länge für ungefähr 5 Kop. das Stück, und wahrscheinlich habe ich als Fremder viel zu theuer bezahlt. Nie können unsere Treibhäuser so köstliche Ananas erzielen. als die hier fast ohne Zuthun des Menschen gedeihenden. Man findet die Ananas in Penang und auch an anderen Orten Ostindiens fast wild wachsend auf allen Grabenrändern und Schutthaufen, und dennoch ist es eine brasilianische Frucht, die erst vor einigen Hundert Jahren nach Ostindien gebracht wurde. Doch diese Fruchtstudien führen mich zu weit und aus meiner Beschreibung kann man doch nicht wissen, wie alle diese Früchte schmecken. Außerdem thue ich besser, meine Schreibmappe zuzuklappen und mich ganz der herrlichen Scenerie zu widmen, die sich an Deck vor unseren Augen zu entrollen beginnt. Wir sind eben bei South Point of Asia (der südlichsten Spitze des asiatischen Festlandes vorbeigefahren) und befinden uns in diesem Augenblicke (heute, den 16. Februar) nur einige Stunden vom Hafen von Singapore entfernt. Wir fahren zwischen einer Menge kleiner, dicht bewaldeter Eilande, wie af einem Binnensee dahin. Einige dieser rundlichen bergigen Inseln, vollständig umkleidet von dichten Urwaldkronen, haben ganz das Ansehen eines kraushaarigen Negerkopfes, der aus dem Wasser ragt (nur muß man sich das Grün in Schwarz verwandelt denken). An den Seeufern bemerken wir große Mangrovewälder, leicht kenntlich an ihren eigenthümlichen Wurzeln, die über dem Wasser hervorragen. Die Mangroves (*Rhizophora*[63]) bilden einen Wald, ein Labyrinth von Bäumen und Wurzeln, schon in der See selbst. Der wolkenlose Himmel, den ich einen ganzen Monat über mir gehabt, hat sich seit gestern umschleiert, dichte Wolkenmassen jagen am Himmel hin und entladen sich von Zeit zu Zeit in heftigen Regengüssen. Wir befinden uns im Archipel, der India aquosa, wo es fast jeden Tag regnet. Die feuchte Wärme ist es, welche hier auf den Inseln diese Wunderformen der Vegetation erzeugt.

Singapore, den 20. Februar 1872

Am neunten Tage nach meiner Abreise von Calcutta setzte mich mein Opiumsteamer in Singapore ans Land. Hier fand ich gastliche Aufnahme bei dem russischen Consul, den man sich jedoch nicht als Russen und überhaupt nicht als Europäer zu denen hat. Mr. Whampoa[64] ist ein Chinese mit Zopf und

---

62　　*Ananassa sativa* Lindl., Familie Bromeliaceae.
63　　*Rhizophora* L., Familie Rhizophoraceae.
64　　Whampoa, d.i. Hoo Ah Kay 胡亞基 (1816–1880), aus Whampoa (Guangzhou) eingewanderter Geschäftsmann und Lokalpolitiker. Vgl. Michael R. Godley: *The Mandarin-capitalists from Nanyang. Overseas enterprise in the modernisation of China 1893–1911.* Cambridge: Cambridge University Press 1981, 67–69.

in chinesischer Kleidung, aber er spricht englisch wie ein Engländer und ist ein
sehr aufgeklärter Mann. In Singapore spielt er eine der ersten Rollen, nicht
allein wegen seines bedeutenden durch Handel erworbenen Vermögens,
sondern auch dank seiner großen Liebenswürdigkeit. Er ist in ganz Südasien
ein sehr populairer Mann. Kein Reisender verläßt Singapore, ohne Mr.
Whampoa eine Visite gemacht, sein prachtvolles, nach chinesischer Sitte
eingerichtetes Haus und namentlich seinen Garten bewundert zu haben. In
dem letzteren, der einen bedeutenden Flächenraum einnimmt, findet man die
seltensten und schönsten Gewächse der Tropen vereinigt. Man braucht hier
nur das Samenkorn einer Tropenpflanze in die Erde zu leben, und es wächst
Alles von selbst und gedeiht ohne Nachhilfe. Und inmitten dieses reizenden
Gartens bewohne ich ein luftiges großes Gartenhaus, welches im Innern
prachtvoll ausgestattet und von Außen von den seltensten Schlingpflanzen
umrankt ist. Ganz in meiner Nähe ist ein kleiner Teich, in dessen von der
Sonne erhitztem Wasser die berühmte *Victoria regia*[65] wundervoll gedeiht. Die
auf der Oberfläche schwimmenden Blätter mit aufgebogenen Rändern haben
von 8 bis 12 Fuß im Durchmesser, während manche der Blüthen 18 Zoll
messen. Es ist ein schöner Anblick, das Aufblühen der Victoria zu beobachten.
Zuerst erheb sich langsam die geschlossene riesige Blüthenknospe aus dem
Wasser und dann beginnt der Proceß des Entfaltens, ein Blüthenblatt nach
dem anderen springt hervor und biegt sich langsam nach Außen, bis zuletzt die
ganze Blume in voller Pracht auf der Oberfläche schwimmt. Die Blüthen
öffnen sich gern des Abends bei Sonnenuntergang, und da sich hier im Garten
unzählige Weiher mit Victoriapflanzen finden, so kann man sich dieses schöne
Schauspiel jeden Abend gewähren.

Die *Rafflesia Arnoldii*[66], eine andere Riesenblume, aus Sumatra, gedeiht hier
gleichfalls und wuchert mehr, als es den Garteneigenthümern lieb ist, denn
diese großen Blüthen von 3 Fuß im Durchmesser verpesten die Luft in der
Umgegend durch ihren Gestank. Der Geruch zieht eine Unzahl Fliegen an,
welche sich in der Blume aufhalten.

Mr. Whampoa hat eine große Vorliebe für Orchideen und cultivirt mehr als
hundert Arten dieser schönen Blumen, die meist als Schmarotzer an Bäumen
leben und von da oft gleich riesigen Schmetterlingen in den schönsten
Zeichnungen herabhängen. Mr. Whampoa kennt selbst nicht mehr die Zahl
der Pflanzen, die er hier angesiedelt.

---

65   *Victoria regia* Lindl., heute *Victoria amazonica* (Poepp.) J.C.Sowerby, Familie Nymphaeaceae.
66   *Rafflesia Arnoldii* R.Br.. Familie Rafflesiaceae.

Rafflesia Arnoldii R.Br. (Wikipedia)

Nach welcher mir dem Namen nach bekannten Tropenpflanze ich auch fragen mag, mein freundlicher Wirth führt mich sogleich zu der Stelle, wo er ihr in seinem Garten einen Platz angewiesen. Er hat mehrere ausgezeichnete chinesische Gärtner, welche die chinesische Gartenkunst hier mit Erfolg anwenden. So sehe ich zum Beispiel an vielen Orten des Gartens einen Strauch mit kleinen myrtenähnlichen Blättern und weißen Blüthen, welchen die chinesische Gartenkunst durch Biegen der Äste und Beschneiden gezwungen hat, die Form verschiedener Thiere, als da sind Hirsche, Löwen, Tiger, Pfauen, Kraniche etc. anzunehmen. Die so verkrüppelten Pflanzen gedeihen vortrefflich und sind dicht belaubt und voller Blüthen. In Peking sah ich häufig solche Thiere aus lebenden Juniperuspflanzen gebildet. Ich kann mich nicht darauf einlassen, diesen herrlichen Garten, welcher alle die schönen Kinder der Tropenwälder erzieht, detaillirter zu beschreiben, ich übergehe selbst die schönen Palmengruppen, gebildet durch die verschiedenartigsten Repräsentanten dieser edlen Pflanzenfamilie, und will nur zwei oder drei interessante Bäume erwähnen, die mich ganz besonders frappirt und an welchen ich nicht vorübergehen kann, ohne mit Bewunderung stehen zu bleiben. Die *Ravenala madagascariensis*[67] ist ein Baum, wie der Name sagt, gebürtig aus Madagascar, er wächst jedoch in Penang und Singapore überall fast wild. Er gehört zu der Familie der Musaceen (Bananen), hat aber mehr ein palmenartiges Ansehen, denn der hohe dicke Stamm ist bis zu 20 Fuß und mehr blattlos und von seinem Gipfel erst gehen die großen bis 25 Fuß langen Blätter, ähnlich denen der Banane, aus, und zwar divergieren sie fächerförmig, so daß der ganze Baum das Ansehen eines riesigen ausgebreiteten Fächers mit langer Handhabe hat. In 5 bis 6 Jahren schon ist der Baum 40 bis 50 Fuß hoch. Die Franzosen nennen ihn *l'arbre du voyageur*. Wenn man nämlich ein Messer zwischen die Blattscheiden einsenkt, so spritzt eine Fontaine klaren kühlen Wassers hervor. Man erhält von einem Baume, wie ich mich hier überzeugt, in kurzer Zeit einen ganzen Eimer voll Wasser. Vor meinen Fenstern blüht ein stolzer Baum, der mit Recht *Amherstia nobilis*[68] benannt worden, denn man wird selten ein so elegantes und nobles Gewächs finden als dieses. Er ist nämlich ganz bedeckt von gigantischen Sträußen purpurrother, gelb gefleckter Schmetterlingsblüthen, auch diese von kolossaler Form. Dieser Baum wächst wild auf der gegenüberliegenden Küste von Malacca. Die heilige duftige Champakablume der Inder stammt von einem schönen hohen Baume, der hier im Garten an vielen Stellen blüht und den intensivsten Jasmingeruch verbreitet. Die Blüthe der *Michelia Champaka*[69] ist der Magnolie ähnlich. Ich brachte mir gestern nur eine einzige zur Untersuchung ins Zimmer, sie ist längst verwelkt, aber das ganze Haus duftet noch immer nach Jasmin.

Das Klima hier in der Nähe des Äquators (Singapore liegt 1° 10' vom Äquator nördlich) ist gar nicht so heiß, als man gewöhnlich glaubt. Die Temperatur ist während des ganzen Jahres immer dieselbe. Sie schwankt täglich zwischen 18 und 24° R. im Schatten. In den luftig gebauten Zimmern hat man gewöhnlich am Tage 20°. In der Nacht, welche ungefähr 12 Stunden dauert, fühlt man das Bedürfnis sich mit einer dünnen, wollenen Decke zuzudecken. Man kennt hier nicht diese erschlaffende Hitze, wie wir sie in unseren Klimaten häufig im Juli haben, wo man des Nachts nicht schlafen kann in der schweren, schwülen Atmosphäre. Es regnet fast jeden Tag, doch immer nur kurze Zeit. Die Morgen nach Sonnenaufgang sind wundervoll. Ich sitze

---

67   *Ravenala madagascariensis* Sonn., Familie Strelitziaceae.
68   *Amherstia nobilis* Wall., Tohabaum. Familie Fabaceae.
69   Michelia Champaca, heute *Magnolia Champaca* (L.) Baill. ex Pierre, Familie Magnoliaceae.

dann vor meinem Hause, trinke meinen Thee und esse einige Bananen dazu. Schöne Vögel mit dem grellfarbigsten Gefieder fliegen hin und her und kreischen in fremdartigen Stimmen. Doch wo kommt plötzlich zwischen diesen tropischen Vogelstimmen der mir so wohl bekannte Ruf des Kuckucks her. Ich habe mich nicht getäuscht, er rief acht Mal. Und doch war es ein Irrthum. Es war, wie mich mein liebenswürdiger Wirth rasch belehrt, seine Wanduhr, welche in seinem Hause drüben in diesen heimischen Tönen die Stunden abruft; aber er, der sich nie aus den Tropen entfernt, kennt den Vogel nicht, der in der europäischen Uhr nistet.

Nur einen Übelstand giebt es in diesem herrlichen Garten. Die vielen Weiher und Wassercanäle geben unzähligen Mosquitos (alias Mücken) den Ursprung. Während der Nacht kann man sich wohl durch das Mosquitonetz schätzen, aber am Tage muß man sich ruhig von diesen Blutsaugern maltraitiren lassen, und während ich diese Zeilen mit der rechten Hand niederschreibe, kreist die linke an meinem ganzen Körper in fortwährenden Kratzbewegungen umher, und in größter Nähe meiner Ohren tönt ihr vielstimmiger Jubelgesang.

Die Insel Singapore hat etwa 100.000 Einwohner, meistens Chinesen, nur etwa 800 Europäer. Die meisten wohnen in der Hauptstadt der Kolonie, welche als Depot für Producte des Archipels und als Knotenpunkt vieler Dampferlinien einer der wichtigsten Handelsorte in Asien ist. Die Insel selbst ist ungefähr 35 Werst lang und 20 Werst breit und von Malacca nur durch einen schmalen Canal getrennt. Sie ist nur zum Theil cultivirt und namentlich wird dort Gambir (*Uncaria Gambir*[70]) gepflanzt, zur Gewinnung des unter dem Namen Terra japonica bekannten Färbematerials. Im [1 Zeile Textverlust in Vorlage] unterlassen konnte, eine Visite abzustatten. Sobald man die Stadt Singapore verlassen, beginnt der Wald, welcher ungefähr denselben Charakter hat, als in Penang; die Flora ist ziemlich dieselbe. Ich sehe schöne Exemplare von Sagopalmen und von der hier sehr häufigen Zuckerpalme (*Arenga saccharifera*[71]). Zu beiden Seiten des schönen Fahrweges bildet der Wald eine hohe, dornige Mauer. Jeden Versuch, irgend eine schöne Blume aus diesem Dickicht herauszuholen, bezahlt man mit blutigen Fingern und zerrissenen Kleidern. Außerdem sieht man sich gleich von allerlei Ungeziefer bedeckt, namentlich von sehr schmerzhaft beißenden Ameisen. In den Wäldern von Singapore halten sich viele Tiger auf, und wenn sie auch jetzt nicht mehr so häufig sind, als früher, so fressen sie doch jährlich viele Chinesen auf, deren Fleisch ihnen besonders zusagt.

---

70   *Uncaria gambir* (W.Hunter) Roxb., Familie Rubiaceae.
71   *Arenga saccharifera* Labill. ex DC., Familie Arecaceae.

Uncaria Gambir (W.Hunter) Roxb.

An den Stellen des Urwaldes, welche ich besuchte, etwa 10 Werst von der Stadt, befinden sich viele mit Blättern bedeckte Tigergruben. Wenn man bei einer Promenade in diesen Gegenden auch nicht unbedingt vom Tiger gefressen wird, so hat man doch viel Chancen, in eine dieser Gruben zu gerathen. Ich hatte übrigens einen Führer, welcher alle verdächtigen Stellen, sowohl was die Tiger als was die Gruben anlangt, kannte. Nur einen Tag brachte ich in den Wäldern zu. Urwälder werde ich genug auf Java sehen, wohin ich in zwei oder drei Tagen abreise, und der Garten, in welchem ich wohne, ist für mich viel interessanter, als die Wälder, weil ich hier ohne Mühe alle Pflanzen pflücken kann.

Ich kann mein Programm, hier nur der schönen Natur zu leben, nicht immer ausführen. Jeder Fremde, der sich hier aufhält, wird mit Gastfreundschaft und Einladungen förmlich verfolgt, besonders ein seltener Vogel, der aus dem kalten Rußland zu diesen Gestaden hergeflogen. So mußte ich denn auch eines schönen Abends wiederum meinen Koffer öffnen, Frack, weiße Halsbinde, weiße Handschuhe und schwarzen Hut hervorsuchen und mich nach dem Stadthause begeben, wo dem Gouverneur zu Ehren ein Ball gegeben wurde. Es war übrigens die europäische Gesellschaft in Singapore. Es wurde in einem enormen Saale getanzt, der von drei Seiten von einer offenen Gallerie umgeben war, wo sich die Nichttanzenden frei bewegen konnten. Ein kühlender Zugwind durchströmte fortwährend diesen großen Raum, der mit abgehauenen Palmen und schönen Blumen geschmückt war.

Ein Monat auf Java
Singapore, 24. Februar 1872
Ich muß in Singapore längere Zeit verweilen, als ich eigentlich beabsichtigte, denn der französische Postdampfer aus China verspätete sich wegen widriger Winde um einige Tage und der anschließende Dampfer nach Batavia, für welchen ich ein Billet gelöst, geht erst nach der Ankunft des Postdampfers aus China ab. Ich habe die Zeit zu einigen kleinen Ausflügen in die nächste Nachbarschaft Singapores benützt und jetzt, wo ich mich nicht mehr zu entfernen wage, aus Furcht, das Schiff zu versäumen, will ich die Zeit der Ruhe dazu verwenden, um aus frischer Erinnerung einige kleine Bilder des Gesehenen und Erlebten zu skizziren.

Mein alter Freund Whampoa, in dessen Privatbesitz sich ein großer Theil der Insel Singapore befindet, hat ein großes hügeliges Terrain im Norden der Stadt zum Nutzen der hiesigen Europäer als botanischen Garten abgetreten. Dort wohnt zwar kein Botaniker, welcher die Pflanzen in wissenschaftlichem Sinne ordnet, sondern nur einige Chinesen besorgen die Gärtnerei, und dennoch prangt hier ein wunderschöner Garten, reich an prachtvollen Bäumen und duftigen Blumen, im höchsten Grade interessant für den Botaniker. Ein großer Theil des Gartens, der übrigens nirgends durch Einhegungen abgegrenzt wird, ist im Zustande des jungfräulichen undurchdringlichen Urwaldes belassen worden, welcher den größten Theil der Insel überzieht. Nur ein schöner Grandweg[72] ist durch denselben gebahnt worden. Bei nächtlicher Zeit soll noch der Tiger bisweilen diesem Theile des botanischen Gartens Besuche abstatten, um auf einen bellenden Hund der benachbarten Ansiedelungen zu lauern oder auch einen verspäteten Chinesen abzufassen, an dessen Fleisch er

---

72   Grand hat die Bedeutung „Sand, Kies".

besonderes Wohlgefallen findet. An guten Schlupfwinkeln fehlt es hier unter der riesigen Farrenkräutern und dem dichten Filze der Schlingpflanzen gewiß nicht. Noch vor 8 Jahren, erzählt mir mein Wirth, wurde ihm hier bei einer verspäteten Heimkehr von einem Picknick ein vor seinen Wagen angespanntes Pferd vom Tiger zerrissen. Doch jetzt hört man in der nächsten Umgebung der Stadt nur selten von Tigern, denn es wird ihnen zu stark nachgestellt.

Einen anderen interessanten Ausflug machte ich gestern zu Boot in die Mangrovewälder, welche meist die flache Seeküste einnehmen, oder vielmehr schon in der See selbst wachsen. Diese seltsamen Bäume (*Rhizophora*), mit großen, dicken, glänzenden Blättern pflanzen sich nicht allein durch ihre Samen fort, die auf dem Baume keimen, und deren lange Keime endlich in den Sumpf fallen, sondern auch durch Luftwurzeln in der Art, wie ich das bereits früher vom Banyanbaume erwähnte. Auf diese Weise schieben sich die Mangrovewälder weiter und weiter in die See vor, stehen zur Zeit der Fluth ganz im Wasser, während der Ebbe aber in einem unbetretbaren Schlamm, in welchem es von Seethieren aller Art wimmelt. Dann ragen die großen Wurzeln zum größten Theil aus dem Boden und sind oft dicht mit Austern besetzt, welche die leckeren Affen dann ernten. Unweit von Mr. Whampoa's Villa, welche ich bewohne, fließt ein Flüßchen, während der Ebbe kaum 30 Schritt breit, und ergießt sich nach vielfachen Krümmungen durch dichten Mangrovewald endlich ins Meer. Auf diesem Gewässer fuhr ich in einem kleinen Boote, gerudert von einigen kräftigen Malayen und mit einem Dolmetscher versehen, hinunter. Es ist kaum eine Möglichkeit, hier den Fuß ans Land zu setzen. Tiefer Schlamm und dicht verflochtene Mangrovewurzeln und Zweige, durch welche sich noch dornige Schlingpflanzen flechten, verhindern dem Menschen jedes Eindringen. Nur die schlauen Affenbanden, welche hier sehr zahlreich sind, bewegen sich mit Leichtigkeit durch dieses Pflanzengewirr. Doch leider sind sie sehr scheu und ich hörte sie mehr, als daß ich sie sah. Das Erlangen einer interessanten Frucht von Kürbisgröße (*Xylocarpos*[73]), welche nicht gar hoch in großer Menge von den Bäumen hing, machte unendliche Schwierigkeiten, und es mußte zuletzt ein Baum gefällt werden. Hier giebt es auch eine Menge großer Krokodile, die sich geschickt im Schlamme oder in nicht ganz abgelaufenen Pfützen zu verstecken wissen, um auf Beute zu lauern. Etwa hundert Schritte vor meinem Boote hörte ich plötzlich ein Winseln und dann das Geräusch eines ins Wasser stürzenden Körpers. Gesehen hatte ich nichts, aber mein Dolmetscher sagte mir, daß ein Krokodil ein Äffchen erwischt, welches wahrscheinlich bei der Austernlese zu nahe dem Wasser gekommen und damit in die Tiefe geflüchtet sei.

Sehr interessant war ferner für mich die Besichtigung der hiesigen Sagofabriken, deren es viele in und um Singapore giebt. Da dem Sago in

---

73   *Xylocarpos* J.Koenig, eine Mangrove. Familie Meliaceae.

unseren sogenannten kurischen Handkammern gewöhnlich auch ein Fach im Haushaltsschranke angewiesen ist, so wird es Euch nicht uninteressant sein, Einiges über dieses Product zu hören, das als Suppe und Pudding auf unseren Tisch kommt. Die Sagopalmen, welche das Sago liefern (*Sagus Rumphii*[74] und *Sagus laevis* [Jack]) wachsen zwar auch sehr häufig wild in den Wäldern von Singapore, stattliche Bäume mit gefiederten Blättern von 20 bis 30 Fuß Länge, doch wird das beste Sago auf Sumatra gewonnen. Die Bäume werden dazu gefällt und das ganze sagohaltige Mark des Stammes herausgenommen, mit Pandanusblättern zu etwa 30 Pfund schweren Paketen verpackt, welche dann von den Eingeborenen nach Singapore geschafft werden. Ich sah hier große Böte, angefüllt mit diesen Sagopaketen. Der Reinigungsproceß des Sagomehls und die Fabrikation des Perlsago für den europäischen Bedarf wird fast ausschließlich in Singapore und zwar von Chinesen bewerkstelligt. Das unreine Mark unterliegt einem Waschprocesse ganz ähnlich der bei uns zu Lande üblichen Bereitung des Stärkemehls aus Kartoffeln, und Sago ist auch nichts anderes als Stärkemehl. Das rohe Material, welches man in den Fabriken angefeuchtet in großen Haufen daliegen sieht und welches Farbe und Consistenz von Lehmerde hat, verbreitet einen unerträglichen, säuerlichen Gestank, und ebenso stinkt das aus der ersten Wäsche kommende Stärkemehl und verpestet die ganze Umgegend. Doch nach wiederholter Waschung in großen Trögen erhält man endlich weißes, geruchloses Mehl, welches sich vom gewöhnlichen Stärkemehl gar nicht zu unterscheiden scheint. Das Perlsago, unter welchem Namen es zu uns nach Europa kommt, ist ein Kunstproduct, das die Chinesen eigens für die Europäer erfunden haben, ebenso wie sie für die Europäer eine eigenthümliche Zubereitung der Theeblätter erfunden haben. Der Thee, den die Chinesen selbst gebrauchen, ist nämlich ganz verschieden von dem, welchen wir in Europa sehen. Das noch nicht ganz trockene Sagomehl, welches sich leicht ballt, wird durch eigenthümliche Siebe gelassen und die sich dabei formirenden Kügelchen werden geröstet. So entsteht das harte Perlsago.

Wie ich bereits bemerkte, bilden die Europäer den bei weitem kleinsten Theil der Bevölkerung Singapores, mit Inbegriff der Truppen und der Mannschaften der im Hafen ankernden Schiffe, vielleicht 800 Seelen. Den Kern der Bevölkerung machen die Chinesen aus, welche hier bedeutend zahlreicher vertreten sind, als die einheimischen Malayen, die Ureinwohner der Malaccahalbinsel und des Archipels. Die Malayen, ein schöner Menschenschlag, widmen sich hauptsächlich der Schiffahrt, wobei ihr nautisches Talent häufig zur Seeräuberei ausartet. Sie überlassen sowohl in Singapore als auf den übrigen Handelsplätzen im Indischen Archipel den Handel ganz den Chinesen, welche denselben auch im reichsten Maße ausbeuten. Die Inseln des Archipels

---

74 *Sagus rumphii* Willd., Familie Arecaceae.

sind überschwemmt von Chinesen, und Singapore allein hat mehrere
Millionaire unter ihnen aufzuweisen. Verschwindend klein gegen die übrige
Bevölkerung ist immer das Häuflein Europäer, welches man in den großen
Handelsplätzen Asiens antrifft, und doch sind es die Europäer, welche den
Impuls geben zu den großen Handelsbewegungen in den fernen Welttheilen,
sind sie es, welche durch ihre intellectuelle Überlegenheit und durch das
Übergewicht, welches nur die Cultur gewährt, diesen asiatischen Racen und
Völkermassen, die nach Hunderten von Millionen zählen, imponiren und
ihnen Gesetze vorschreiben. Geleitet durch unsichtbare Fäden, die ihren
Ursprung in den großen Handelscentren Europas, namentlich in London,
haben, bewegt sich hier in diesen fernen Gegenden ein geregelter Handel im
Werthe von Milliarden, und unzählige Dampfer und Segelschiffe mit europäi-
schen Flaggen durchfurchen zu jeder Zeit das weite Meer, um alle die reichen
Schätze Asiens nach dem kleinen winzigen Europa zu bringen, das auf der
Weltkarte nur als kleiner Fleck bezeichnet ist neben den Ländermassen der
übrigen Erdtheile.

Außer den Chinesen und Malayen giebt es in Singapore auch Repräsentanten der Bevölkerung des indischen Festlandes, namentlich finden sich hier
viele Kaufleute aus Madras, dem Volke der Cheetee angehörig. Gestern Abend
führte mich einer meiner Bekannten in den Straßen von Singapore umher, um
mir das Straßenleben nach Sonnenuntergang zu zeigen. Das Gebahren der
Chinesen, ihre Kaufläden, Theater etc. waren für mich nichts Neues, aber mit
vielem Interesse besuchte ich das Banquierhaus eines Cheetee. Das Bureaux
war, wie meisten Kaufläden und Bureaux der Eingeborenen, nach der Straße
hin fast ganz offen, und in einer großen, schmutzigen Halle saßen auf Bambusmatten und auf sich selbst eine Anzahl schwarzer, fast ganz nackter Burschen
mit den Rechnungsabschlüssen beschäftigt. Auch der in Geldzählen vertiefte
Banquier selbst hatte an Kleidung nicht mehr als etwa eine halbe Elle ganz
leichten Stoffes aufzuweisen, doch besitzt er trotz seiner Nacktheit mehr als
hunderttausend Dollar. Seine Commis schrieben ihre Rechnungen nicht, wie
das jetzt fast in der ganzen Welt üblich, auf Papier, sondern ritzten die Schrift
mit eisernem Griffel auf Palmblätter. Dieses Schreibmaterial ist in einem
großen Theile Indiens unter den Eingeborenen in Gebrauch. Es werden die
getrockneten Blätter der Palmyrapalme und auch einiger anderen Fächerpal-
men zu etwa anderthalb Zoll breiten und zwei ein halb Fuß langen Streifen
zugeschnitten und auf diesem Materiale wird mit einem scharfen, spitzen
Eisengriffel die Schrift kenntlich gemacht. Diese Palmblätter sind unverwüst-
lich, sie brechen nicht und man kann sogar, wie ich mich überzeugt, mit Tinte
darauf schreiben. Die uralte indische Literatur ist auf uns in Manuscripte auf
solchen Palmblättern gekommen. Das erste Schreibmaterial, welches die der
Cultur sich nähernden Urmenschen benützt, scheinen überall Baumblätter

gewesen zu sein. In allen mir bekannten europäischen Sprachen bezeichnet man ein Blatt am Baume und ein Blatt im Buche mit demselben Worte.

Ich habe in Singapore die Bekanntschaft eines asiatischen gekrönten Hauptes gemacht, nämlich die des Maharadschah von Johore, welcher Selbstherrscher im südlichen Theile der Malaccahalbinsel ist. Er ist ein junger, bildschöner Mann, der fließend englisch spricht und sich auch europäisch kleidet, d.h. es fehlt ihm keines der bei Männern üblichen Fundamentalkleidungsstücke, und man könnte ihn für einen sonnverbannten Europäer halten, wenn er nicht ganz unnöthiger Weise ein bunt seidenes Tuch als Schürze unter dem Rocke tragen würde. Die Kleidung der Malayen besteht nämlich einzig und allein aus einem viereckigen Tuche, das man nach Art einer Schürze um die Lenden befestigt. Der Maharadschah hat dieses Abzeichen seiner nackten Vorfahren gleichsam als malayisches Wappen beibehalten. Ich wurde ihm auf dem Balle des Gouverneurs vorgestellt und war erstaunt, in ihm einen ganz einfachen Sterblichen ohne den orientalischen Prunk zu sehen, mit welchem sich diese Prinzen gewöhnlich umgeben. Er liebt die Europäer sehr, ist mit Allen gut Freund, kommt auch häufig zu Whampoa ganz ohne Ceremonie diniren und verlangt nicht, daß man ihm königliche Ehren erweise. Trotzdem ist er vollständig unabhängiger Herrscher in seinem Lande und ungeheuer reich. Vor einigen Jahren war er in London, wurde der Königin vorgestellt und machte dort großes Aufsehen. Seine Residenz ist etwa 30 Werst von hier entfernt. Die Insel Singapore wurde von seinem Großvater in den zwanziger Jahren an die englische Regierung verkauft und hier dieser wichtige Handelsplatz gegründet.

Ein Monat auf Java.
An Bord der „Newa" in der Straße von Bangka, nahe der Küste von Sumatra, 27. Februar 1872.
Der französische Dampfer, welcher zweimal im Monate den Postdienst zwischen Batavia und Singapore versieht, und den mit dem von ihm befahrenen Meere contrastirenden frostigen Namen *Newa* führt, verließ endlich gestern um 3 Uhr Morgens den Hafen von Singapore und steuerte nach Süden, dem Äquator zu, welchen wir gestern Abend passirten. Die wenigen Passagiere, welche sich an Bord befinden, sind meist Holländer, die bereits auf Java gelebt, und ich kann mir über alle Verhältnisse des Landes, in welchem ich einen Monat zuzubringen gedenke, genügende Aufklärung verschaffen. Das Schiff windet sich in seinem Laufe nach Süden anfangs zwischen zahllosen kleineren und größeren Inseln des Archipels, welche alle den Charakter der Tropeneilande tragen, d.h. dichter Urwald bedeckt ihre ganze Oberfläche, und gleich grünen Blumensträußen tauchen sie häufig aus dem blauen Meere auf. Die meisten derselben sind unbewohnt. Darauf nähern wir uns der flachen, gleichfalls bewaldeten Küste von Sumatra und laufen in die Bangkastraße ein.

Bei der holländischen Kolonie Muntock[75], auf der Insel Bangka, welche bekanntlich das beste Zinn liefert, wird kurze Zeit gehalten, um die Post abzuliefern und zu empfangen, und dann geht es wieder weiter. Läuft unser Schiff trotz der ruhigen See sehr langsam. Die Ursache davon ist in der üppigen Seegrasvegetation zu suchen, welche sich in diesen südlichen Meeren am Schiffsrumpfe entwickelt und natürlich die Reibung vermehrt und den Gang verlangsamt. Sumatra, dessen Küste wir lange vor Augen haben, ja oft nähern wir uns ihr auf eine Viertelwerst und können mit dem Fernrohr deutlich die Baumformen der Wälder unterscheiden, erscheint hier als flaches sumpfiges Land, denn die hohen Berge, welche die Insel besitzt, befinden sich auf der Westküste. Die Wälder, die wir hier sehen, und die sich bis hart an das Meer erstrecken und ihre duftigen Blüthen in die Wogen streuen, sind wahrscheinlich noch nie von Menschen betreten worden. Ungestört durchstreifen wilde Elephantenheerden und Rhinocerosse diese Wildnisse, tummeln sich menschenähnliche Affen in den dichten Laubkronen und lauert der blutdürstige Tiger den Tapiren und Hirschen auf. In der Nacht hörten wir bisweilen, wenn das Schiff dem Ufer nahe war, laute Thierstimmen zu uns herübertönen, die ich nicht zu deuten verstand. Und wenn die Landbrise sich erhebt, welcher milde Strom süßer Wohlgerüche haucht uns von drüben an. Nur wenige Häfen an den Küsten Sumatras befinden sich im factischen Besitze der Holländer, der bei Weitem größte Theil der Insel ist noch terra incognita. Wenn ich jetzt in stiller Nacht wieder einmal einen Blick auf den sternenbesäeten Himmel werfe, so erscheint er mir vollkommen verändert. der Polarstern ist mir auf meiner Reise nach Süden bereits längst unter dem Horizonte verschwunden, und der große Bär, bei uns das ganze Jahr und die ganze Nacht hindurch in seinem Kreislaufe um den Polarstern hoch am Himmel sichtbar, schimmert nur bisweilen noch ganz schwach mit seinem Siebengestirn am Horizonte. Dagegen ist das südliche Kreuz am südlichen Himmel höher hinaufgerückt und leuchtet fast die ganze Nacht bald in liegender, bald in aufrechter Stellung. Am Mittage steht mir die Sonne jetzt gerade senkrecht über dem Kopfe und ich muß, wie Peter Schlemihl, meinen Schatten suchen. Trotzdem ist die Temperatur auf dem Schiffe ganz erträglich.

Batavia, 29. Februar 1872.
Nachdem wir die Bangkastraße verlassen, steuerten wir, die Küste von Sumatra westlich lassend, gerade auf Batavia los und sahen nun kein Land weiter, bis wir die Gruppe der kleinen Inseln erreichen, welche vor der Bay von Batavia liegen und wegen ihrer großen Anzahl den Namen der „tausend Eilande" führen. In der Ferne sehen wir die hohen Vulcane Javas, zum Theil von Wolken

---

75   Heute Mentok, Hafen im Westen der Insel Bangka.

verdeckt, aus welchen unaufhörlich Blitze zucken. Es war bereits vollständig dunkel, als unser Schiff auf der Rhede von Batavia Anker warf. Java hat nirgends an seinen langen Küsten einen guten Hafen, weil überall das Meer sehr flach ist. Schiffe, die nach Batavia kommen, müssen ungefähr 7 Werst vom Ufer ankern und die Ladung muß auf flachen Böten nach dem Docke geschafft werden, und auch um dies möglich zu machen, waren große Arbeiten erforderlich. Der kleine Fluß, an welchem Batavia liegt, ist von seiner Mündung durch zwei Hafendämme mehrere Werst lang ins Meer verlängert worden. Heute Morgen, als der Tag zu grauen begann, machte Jeder an Bord seine Landungsvorbereitungen, und bald dampfte ein kleines Dampfboot heran, um die Passagiere an das Land zu bringen. Ich hatte erwartet, von der großen Handelsstadt Batavia ein herrliches Panorama, reich an stattlichen Gebäuden, wie in Calcutta und Bombay, zu genießen, konnte jedoch selbst, als wir dem Ufer schon ganz nahe waren, kein Haus entdecken. So weit das Auge reicht, scheinen sich nur ungeheuere Wälder an der Küste und nach dem Innern zu auszudehnen. Auch die Berge im Hintergrunde sind bis zu ihren Gipfeln von Wäldern überzogen. Sogar als ich schon gelandet und die Douane passirt und ein Fiacre mich nach dem Gasthofe führte, mußte ich mich fragen, wo denn eigentlich Batavia sei. Ich glaubte mich immer im Walde zu befinden, denn nur alle hundert Schritt vielleicht wird von Bäumen ganz verdeckt ein Haus sichtbar. Das alte, ungesunde Batavia, vor mehr als 200 Jahren von den Holländern an der sumpfigen Meeresküste angelegt, in welchem böse Fieber zuweilen die Hälfte der ansässigen Europäer hinwegrafften, wird übrigens schon lange nicht mehr von Europäern bewohnt und ist ganz den Chinesen und Javanesen überlassen worden. Die Europäer wohnen alle in Weltevreden, welches ungefähr 7 Werst landeinwärts beginnt und eine große Ausdehnung hat. Die Kaufleute haben nur ihre Magazine in Batavia und halten sich 6 Stunden des Tags, von 10–4 Uhr Nachmittags, welches hier die Geschäftszeit, in der Stadt auf. Am Abende kehrt Alles zurück nach seinen luftigen Häusern und blüthenduftigen Gärten in Weltevreden, wo sich auch alle Hotels befinden. Da jedes Haus in einem großen Garten gelegen, so sind die 4500 Europäer, welche hier wohnen, über ein ungeheueres Areal gestreut, und die Entfernungen, die man bei Geschäften und Besuchen zurückzulegen hat, sind nicht minder bedeutend, als in Petersburg. Man geht am Tage nie zu Fuß. Ein Wagen mit zwei Pferden kostet für den Tag 8 Gulden (à 60 Kopeken) für einmalige Benutzung 4 Gulden. In Batavia und Weltevreden ist außer der herrlichen Vegetation, die man überall auf Java antrifft, nichts Bemerkenswerthes zu sehen. Ich bin heute den ganzen Tag umhergefahren, habe Empfehlungsbriefe abgegeben und Besuche gemacht. Es ist hier durchaus gar nicht so übermäßig heiß, als man gewöhnlich glaubt. Die Abende und Morgen sind sogar sehr angenehm. Allerdings darf man sich der Sonne zu keiner Tageszeit aussetzen, denn im Sonnenschein fühlt man sich sehr unbehaglich. Ein großer, doppelter, weißer Sonnenschirm, den ich in Wien bestellt, ist schon seit zwei Monaten mein treuer Gefährte, von welchem ich mich nur für die Nacht trenne. Wie man in Petersburg bei strengem Froste auf seine Nase Acht geben muß, damit sie nicht in Gefrorenes verwandelt werde, so bekommt der Fremde hier sogleich einen Sonnenstich, wenn die Sonnenstrahlen unmittelbar einen entblößten Theil des Körpers treffen. Um Mittagszeit, wo man die Sonne senkrecht über sich hat, ist sie viel erträglicher, als in den Morgen- und Nachmittagsstunden, wohl deshalb, weil die senkrechte Sonne einen kleinen Theil des aufrechten menschlichen Körpers trifft. Mit großem Wohlbehagen habe ich mich davon überzeugt, daß auf Java, was Kleidung anlangt, gar keine Etiquette in europäischer Gesellschaft herrscht. Jeder kleidet sich so leicht, als seine innere Wärme es ihm räth, und bei Diners wird nur ausnahmsweise ein schwarzer Anzug erforderlich. Die Damen aller Stände sind hier sogar, was Toilette anlangt, in das der strengen Etiquette entgegengesetzte Extrem verfallen. Das Costüm, was sie hier den ganzen Tag über bis Sonnenuntergang tragen, ist so leicht, daß die totale Summe ihrer Kleidungsstücke sich nur auf höchstens drei Stücke beläuft. Denkt euch eine Dame genau in dem Anzuge, wie sie morgens dem Bette entsteigt, und sie trägt bereits zwei Drittel ihres Tageskostüms. Denn es wird nur noch der sogenannte Sarong hinzugefügt, eine aus ungefähr zwei Ellen Seidenzeug bestehende Schürze, welche bis über die halbe Wade reichend den Unterkörper ganz umfaßt, in der Art, wie ich das bei der Kleidung des Maharadschah von Johore beschrieben und wie auch die eingeborenen Frauen sich kleiden. Das ist die ganze Tagestoilette der schönen Holländerinnen in Batavia. Einige tragen wohl auch zierliche, aus Binsen geflochtene Pantoffelchen auf dem bloßen Fuße, aber meist gehen sie im Zimmer auf den kühlen, reinlichen Bambusmatten barfuß. Ich war anfangs im höchsten Grade erstaunt, als ich am Morgen durch die Straßen fuhr und überall in den Gärten hübsche junge Mädchen in dieser Kleidung antraf, noch mehr als ich in einem Hause, wohin ich empfohlen, frühstückte, und die Frau vom Hause nebst den Töchtern, ganz wie ich es beschrieben, zu Tisch kamen. Diese Tracht ist für junge Mädchen außerordentlich kleidsam und ich möchte sie unseren ostseeprovinzialen Damen an heißen Sommertagen zur Nachahmung empfehlen. Erst nach Sonnenuntergang, wenn die Zeit des Diners heranrückt, versehen sich die hiesigen Damen mit Schuhen und Strümpfen, legen Röcke, Kleider und die übrigen Toilettengegenstände an, wie sie in Europa üblich sind. Dann promenirt Alles auf den Straßen und erfrischt sich an der Abendkühle.

Ich muß für heute schließen, denn es ist bereits spät geworden und die elende Cocoslampe mit ihrem ersterbenden Dochte beleuchtet meine Memoiren nur sehr unvollkommen. Außerdem habe ich zu morgen früh Postpferde bestellt, um nach Buitenzorg, der Residenz des Generalgouverneurs von niederländisch Indien, zu reisen.

Buitenzorg, 7. März 1872.

Am 1. März, um 5 1/2 Uhr Morgens, als eben der Tag graute, fuhr vor die Thüre meines Gasthofes zu Batavia eine Postkutsche mit 4 Pferden lang gespannt. Auf dem Bocke saß ein javanesischer halbnackter, jedoch mit den Überresten eines Cylinderhutes geschmückter Kutscher. Auf dem hinteren Wagentritte standen zwei mit langen Peitschen versehene, ebenfalls fast kleiderlose Burschen. Diesem so ausgestatteten Fuhrwerk, für welches ich 45 Gulden (27 Rbl.) zu zahlen hatte, vertraute ich mich an, um nach Buitenzorg zu fahren, welches 60 Werst von Batavia entfernt liegt, und obgleich nur 1000 Fuß höher gelegen, als Batavia, sich doch eines um einige Grade kühleren Klimas erfreut. Kaum bin ich in meinem Wagen installirt, als auch schon die vier kleinen javanischen Pferdchen sich in Galopp setzen und das Fuhrwerk über die glatte Chaussee dahinrollt. Ein wunderschöner Weg, fast immer durch hohen Wald sich hinziehend, führt dorthin. Bei näherer Betrachtung stellt sich zwar heraus, daß dieser Wald eigentlich nur aus Fruchtgärten gebildet wird, in welchen sich javanische Dörfer verstecken; doch es stört die Poesie nicht, wenn man den Hahn krähen hört in diesen tropischen Waldungen. Am zahlreichsten unter den Fruchtbäumen sind immer die Cocos- und Arecapalmen vertreten, aber auch unzählige andere Früchte werden da cultivirt, über welche ich bei Gelegenheit, wenn ich sie alle durchgeschmeckt, mein gastronomisches Urtheil abgeben will. Wo ein Bächlein sich durch das Dickicht schlängelt, da hat sich gleich an seinen Ufern der graziöse Bambus in dichten Büschen angesiedelt, und im Wasser blühen herrliche rothe Teichrosen (*Nymphaea*) oder bewegen riesige *Caladiums*[76] ihre buntgefärbten Blätter. Bisweilen führt jedoch der Weg auch durch Lichtungen, auf welchen sich weite Reisefelder ausbreiten oder grüne Wiesen, von schönen Baumgruppen durchsetzt, sich erstrecken, mit weidenden Büffeln oder Pferden darauf. Es ist ein Irrthum, wenn man glaubt, daß es in den Tropen keine Wiesen gebe. In allen tropischen Gegenden, die ich bis jetzt bereist, habe ich üppigen Graswuchs gefunden, namentlich oft im Schatten der Cocoswäldchen; nur ist das Gras für Milch- und Buttererzeugung nicht sehr geeignet, denn die hiesigen Kühe geben sehr miserable Milch. Sobald die vier Rößlein weniger Eifer zeigen in ihrem Galopp, springen die beiden Antreiber vom Wagen und laufen, mit den Peitschen klatschend, oft lange Zeit neben dem in Windeseile dahin rollenden Wagen einher. Dann schwingen sie sich wiederum blitzschnell auf den Wagentritt. Bis Buitenzorg werden sechs Mal Pferde gewechselt, und ich legte die ganze Strecke in 3 1/2 Stunden zurück. In einem der beiden ziemlich miserablen Gasthäuser ließ ich mich nieder. Buitenzorg ist ein wunderlieblicher Ort, nahe dem Fuße der großen Vulcane Ostjavas gelegen, zwar klein an Einwohnerzahl (etwa 200 Europäer), aber sehr ausgedehnt. Wie ich bereits

---

76   *Caladium* Vent., Familie Araceae.

bemerkte, ist hier die Residenz des Generalgouverneurs von holländisch Indien, d.h. den Inseln Java, Sumatra, Borneo und den Molukken. Er ist hier fast unumschränkter Herrscher über Länderstrecken, die größer sind als Deutschland, Frankeich und England zusammen, aber mit Ausschluß von Java nur sehr wenig colonisirt sind. Durch die gütige Vermittelung der russischen Gesandtschaft in London war ich in den Besitz eines Empfehlungsschreibens des holländischen Ministers der Colonien an den Generalgouverneur von holländisch Indien gelangt. Einige Tage nach meiner Ankunft in Buitenzorg schickte ich dasselbe nebst meiner Karte dem diensthabenden Adjutanten zu, und erhielt schon für denselben Abend eine Einladung zum Diner ins Palais. Seine Excellenz setzte mich geradezu in Verlegenheit durch die Aufmerksamkeiten, die sie mir erwies. Die wohlwollende Aufforderung für die Zeit meines Aufenthaltes in Buitenzorg im Palais zu wohnen, lehnte ich ab, jedoch nahm ich das Anerbieten, mir für eine Reise nach dem Innern von Java unentgeltlich Kronspostpferde und Wagen zu geben, mit Dank an. Denn um in Java auf eigene Kosten zu reisen, muß man sehr reich sein. Postpferde kosten hier 45–80 Kop. für die Werst, und außerdem muß man noch einen Wagen sehr theuer kaufen oder miethen. Durch ganz Java giebt es schöne Chausséen, welche die Hauptstadt mit den übrigen Städten der verschiedenen Residenzschaften (Provinzen) verbindet. Täglich geht eine Post in beiden Richtungen durch die ganze Insel. Diese schönen Wege sind alle im Anfange dieses Jahrhunderts in verhältnismäßig kurzer Zeit gebaut worden, und zwar damals, als Napoleon Besitz von Holland und also auch von Java genommen. Sie haben wenig Geld, aber ungefähr hunderttausend Menschenleben gekostet, durch die anstrengenden Arbeiten, welche man den Eingeborenen auferlegte. Merkwürdigerweise giebt es auf Java bis jetzt nur eine einzige Eisenbahn, etwa 150 Werst lang, welche von der Hafenstadt Samarang (Nordküste Ostjava) nach Djokdjakarta nahe der Südküste führt. An einer Eisenbahn von Batavia nach Buitenzorg wird gearbeitet, und sie wird noch in diesem Jahre dem Verkehr übergeben werden. Eine kleine Strecke wird bereits befahren.

Ich habe in Buitenzorg einige für mich sehr lehrreiche Bekanntschaften gemacht, namentlich die des Direcors des botanischen Gartens, Dr. Scheffer[77], eines noch ganz jungen, aber tüchtigen Botanikers, der mich auf die liebenswürdigste Weise in meinen Wünschen unterstützt. Ebenso erweist mir der Resident (Gouverneur) von Buitenzorg, Mr. van Muthebrock[78], viel Freundlichkeit und macht mich auf alles Interessante aufmerksam. Er ist ein tüchtiger Naturforscher und Jäger, der lange in Java gelebt und eine Menge Tiger getödtet hat. Er trägt auf der Schulter eine breite Narbe, die ihm ein angeschossener Tiger geschlagen. Der Hauptzweck meines Aufenthaltes in

---

77   Rudolph Herman Christiaan Carel Scheffer (Spaarndam 1844–1880 Singaraja).
78   bislang nicht ermittelt.

Buitenzorg ist der Besuch des botanischen Gartens, der nur wenige Schritte von meinem Hotel entfernt ist. Dieser Garten, vor 65 Jahren angelegt, auf einem der schönsten Flecke der bewohnten Erde, wo die Natur aus eigener Kraft die üppigsten Pflanzenformen zu schaffen vermag, ist gewiß der vollkommenste seiner Art in der Welt. Ungefähr 12000 verschiedene Pflanzenarten werden hier gegenwärtig cultivirt. Sie sind nach Familien geordnet, mit Etiquetten versehen und nicht, wie in unseren Treibhäusern, eng zusammengepackt, sondern Alles entwickelt sich riesig und üppig in der freien Natur und wird in seinem Wachsthume nicht beengt. Bäume, die vor jenen 60 Jahren gepflanzt wurden, sind jetzt schon Riesen von 100 und 150 Fuß und spenden reichlichen Schatten für die niedrigen Pflanzen, welche das Licht der Sonne fürchten. Es giebt auch eine Menge viel älterer Bäume von ungeheuerem Umfange, denn als man den Garten einst mitten im Urwalde anlegte, ließ man so viel wie möglich die schönen alten Bäume stehen. Hier macht es wahrlich keine große Mühe, einen Garten anzulegen. Man braucht nur ein Samenkorn in die Erde zu werfen, und bald schießt es auf zur prachtvollen Blume oder zum stämmigen Baume, der schwelgerisch breit und hoch emporwächst, und dessen Zweige fast brechen unter der schweren Last der Früchte. Es ist begreiflich, daß im Buitenzorger Garten nur Tropenpflanzen fortkommen können, oder fast Alles, was in den Tropen Amerikas, Afrikas und Asiens wächst, gedeiht auch hier vortrefflich. Durch den großen Weltverkehr, der sich in den letzten Jahrhunderten entwickelt hat, sind auch die Pflanzen, ebenso wie der Mensch, Kosmopoliten geworden. Ich habe in Ostindien und im Archipel vielfach Gelegenheit gehabt, Pflanzen in fast wildem Zustande anzutreffen, die vor nicht gar langer Zeit hierher aus Amerika oder Afrika gebracht worden. Auf Java sehe ich z. B. halb oder ganz verwildert eine Menge Prachtexemplare von der schönen Ölpalme (*Elaeis guianensis*[79]) aus Afrika, welche besonders auffallend ist durch ihren umfangreichen dickschuppigen Stamm. Da die Pflanzen der gemäßigten und kalten Zone selbstverständlich in Buitenzorg nicht gedeihen können, so hat man den günstigen Umstand benutzt, daß Java durch seine hohen Gebirge auch ein gemäßigtes und sogar kaltes Klima besitzt, und an dem Buitenzorg nahe liegenden Vulcane Gedeh, welcher eine Höhe von nahezu 11,000 Fuß hat, in verschiedenen Höhen vier Filialgärten angelegt, von denen der höchste 9600 Fuß über dem Meeresspiegel liegt. Hier ist in der Nacht schon Eis auf dem Wasser und man kann Pflanzen aus dem nördlicheren Theile Europas cultiviren. Dort kommt das Moos fort, von welchem sich das Rennthier nährt. Der botanische Garten in Buitenzorg hat keine allzu große Ausdehnung, denn er ist nur etwa 3/4 Werst lang und 1/2 Werst breit. Die Anlagen sind über ein hügeliges Terrain zerstreut, das als Grundlage noch immer einige Überreste des früheren Urwaldes in schönen

---

79   *Elaeis guianensis* Steud., Familie: Arecaceae.

säcularen Bäumen bewahrt. Eine dichte Bambushecke von einer feinblättrigen Art schließt das Ganze ein, ein reißender Bergstrom und ein kleines Bächlein bewässern den Garten, bilden hier und da einige kleine Teiche mit Fontainen und Seen mit Inseln etc. In der Mitte befindet sich das schöne Palais des Generalgouverneurs. Außerdem haben der Director und seine drei europäischen Gärtner ihre malerisch gelegenen Wohnungen im Garten, zu dessen Erhaltung außer einem ganzen Dorfe mit hundert Arbeitern 40,000 Gulden abgelassen werden; womit sehr viel geleistet wird, denn der Arbeitslohn ist auf Java ebenso billig, als in Bengalen. Die Zahl der cultivirten wird durch Austausch mit anderen botanischen Gärten stetig vergrößert.

Man kann sich keinen erhabeneren Genuß vorstellen, als eine Promenade durch diesen dem Publicum stets geöffneten Garten in den frühen Morgenstunden während der Morgenkühle. Wie großartig ist das Erwachen dieser schönen tropischen Natur! Um 5 1/2 Uhr ist es hier noch ganz dunkel, und in schwarzen Umrissen zeichnen sich die langen Palmwedel am Himmel ab. Nur hier und da hört man das Pfeifen eines Vogels, der den Morgen verkündet. Doch hier zaudert die Sonne nicht lange. Kaum hat man das Dämmern des Tages bemerkt, so schießt sie auch schon hervor und steuert gerade dem Zenithe zu. Dann erwacht alles, was Flügel hat, und ein vielstimmiges Vogelconcert erhebt sich, meist hört man kreischende Stimmen, doch giebt es auch einige sehr liebliche Sänger, die den Morgen preisen. Sehr melodisch klingt das Girren einer ganz kleinen javanischen Taube (*Columba tigrina*[80]), von der Größe einer kleinen Drossel; sie schillert in wunderschönen Farben und ist getigert. Häufig sehe ich im Garten auch einen kleinen grünen Papagei, der nicht größer als ein Sperling ist. Merkwürdiger Weise begegne ich bei meiner Promenade in den Morgenstunden außer den arbeitenden Leuten selten einem Spaziergänger. Wenn ich durch das dem Gasthofe gegenüber liegende Thor den botanischen Garten betrete, so ist das erste, was mich frappirt, eine Allee von herrlichen Waringinbäumen, die nach dem Palais führt, oder man könnte eigentlich sagen, eine Allee von einem einzigen Baume gebildet. Denn auch der Waringin (*Ficus benjamina*[81]) hat die Eigenthümlichkeit des heiligen Banyanbaumes (*Ficus indica*), von welchem ich schon öfters geschrieben, Luftwurzeln zur Erde zu senden, welche sich zu neuen Bäumen ausbilden und allmälich [!] einen großen schattigen Hain bilden. Hier auf Java, wo der Banyanbaum nicht wächst, wird der Waringinbaum von den Eingeborenen verehrt. Unter dem weiten Schatten seines Laubdaches sieht man häufig ganze Märkte abhalten. Eine andere Feigenart (und dieses Geschlecht ist in den Tropen durch zahlreiche Arten vertreten, auf Java allein mehr als 200), die gleichfalls Waringin heißt, aber keine Luftwurzeln bildet, hat in ihrem Laubwerke

---

80   *Columba tigrina* Temminck, 1809.
81   *Ficus benjamina* L., Familie Moraceae.

täuschende Ähnlichkeit mit unserer Trauerbirke, nur ist der Baum viel corpulenter und schattenreicher (*Ficus microcarpa*[82]). Es gibt im Garten auch Prachtexemplare von *Ficus elastica*[83], dem Gummibaume. Wie sehen ihn bei uns häufig als niedrige Topfpflanze. Doch hier giebt es Bäume von 80–100 Fuß Höhe und enormem Umfange. Die Früchte aller dieser Feigenarten sind eine Delicatesse für die fliegenden Füchse, die riesigen Fledermäuse, von welchen ich in meinen früheren Briefen geschrieben und die einen sehr schmackhaften Braten abgeben. Man stellt ihnen im Garten sehr nach und gewährt ihnen kein Asyl, denn sie entblättern jeden Baum, auf welchem sie einige Zeit lang ihre Tagesschläfe halten. Verlassen wir die schöne Allee von Waringinbäumen und wenden uns dem kleinen Bächlein zu, welches murmelnd über glatte Kieselsteine hüpft, so finden wir auf dem saftigen Wiesengrunde seiner Ufer den Bambus und bambusähnliche Gewächse in mehr als 50 Arten angesiedelt. Diese baumartigen Gräser haben die Eigenthümlichkeit unserer Binsen- und Riedgräser und anderer Grasarten, in dichtgedrängten Büscheln zu wachsen und aus solchen getrennt stehenden Büscheln, oft aus hundert mehr als armdicken und bis 60 Fuß hohen Stämmen zusammengesetzt, ist ein ganzer Bambushain gebildet. Ich habe sogar einige Stämme von beinahe Fußdicke gesehen. Oben schließt sich das Laub dieser Gruppen zu einem dichten Dache, durch welches kein Sonnenstrahl dringt, und selbst um die heißeste Zeit des Tages findet man hier angenehme Kühlung. Inmitten dieses Bambushaines befindet sich ein kleiner Kirchhof mit schönen Denkmälern, gewidmet verschiedenen Generalgouverneuren und Gliedern ihrer Familie, welche hier, fern von der Heimath, gestorben und begraben. Weiter gelangt man zu einem Wäldchen, welches den Palmlianen oder Rotangs gewidmet. Wie Riesen-schlangen liegen die mehr als armdicken Stämme diser gigantischen Schling-palmen theils am Boden, theils klettern sie als Würger an hohen Bäumen empor und bilden ein dichtes Palmenlaub um die hochstämmige *Dahlbergia*[84] oder andere kräftige Bäume. Doch wehe dem, der ihnen aus Versehen zu nahe tritt. Fast alle Rotangs sind mit fürchterlichen Stacheln versehen, welche wie Messer Kleider und Haut durchschneiden. An einem anderen Orte des Gartens schlingt sich eine andere Liane (*Entada scandens*[85]), anfangs als fußdicker Stamm aus der Erde aufsteigend, bis sie den nächsten Baum erreicht. Durch einige kräftige Umschlingungen faßt sie festen Fuß in seinen Wipfeln und geht dann, einer großen Schlange nicht unähnlich, weiter auf die nächststehenden großen Bäume über, bis sie endlich, mehr als zweihundert Schritt von ihren Wurzeln entfernt, ihr Ende erreicht, wo man ihre 6 bis 7 Fuß langen Schotenfrüchte

---

82   *Ficus microcarpa* Blume, Familie Moraceae.
83   *Ficus elastica* Roxb., Familie Moraceae.
84   *Dalbergia* L.f., Familie Fabaceae.
85   *Entada scandens* Benth., Familie Leguminosae.

von einer *Parkia*[86], einem schönen hohen Baume, herabhängen sieht. Man kann nicht mit einem Blicke die ganze Ausdehnung dieser Liane umfassen. Eine der interessantesten Pflanzengruppen des Gartens bilden die Palmen, welche hier in mehr als 200 verschiedenen Arten, aus allen Welttheilen versammelt sind. Die meisten dieser stolzen Bäume steigen zu enormer Höhe auf, und die Amerikaner und Afrikaner gedeihen ebenso gut, als die Asiaten. Neben einer riesigen javanischen Gebangpalme (*Corypha*[87]) mit gigantischen Blattfächern von 6 bis 12 Fuß Durchmesser erheben sich die schöne *Oreodoxa oleracea*[88] mit ihrem dick angeschwollenen glatten Stamme, die *Iriartea ventricosa*[89], beide aus America, die letztere kenntlich durch die bauchige Anschwellung in der Mitte des Stammes, ferner die plumpe *Sabal Palmetto*[90] aus Carolina, neben ihrer ölreichen afrikanischen Schwester, der *Elaeis guianensis*. Die meisten der in- und ausländischen Palmen sind Prachtexemplare. Am zahlreichsten sind natürlich die asiatischen Palmen vertreten, die Cocospalme, die verschiedenen Caryota-arten, deren Blätter so ganz verschieden von denen der übrigen Palmen geformt sind, die Arekapalme und verwandte Arten, unter welchen letzteren namentlich die schöne *Bentingkia renda*[91] auffällt, durch ihre blutrothen Blattscheiden und Blattstiele. In unendlicher Mannigfaltigkeit hängen von allen diesen Palmen die Früchte herab, von Erbsen- bis Kopfgröße, in Bündeln oder perlschnurartig, oder sie schauen als riesige Zapfen hoch oben zwischen den Blättern hervor. Die Früchte von *Salacca edulis*[92] sind sehr wohlschmeckend, meist sind die Palmfrüchte aber ungenießbar. Von einigen Palmfrüchten, namentlich von *Cycas circinnalis*[93] und *Ptychosperma*[94] habe ich durch Abschaben des Fruchtfleisches schöne, glatte Holzkugeln, so groß als Billardkugeln, erhalten. Das Holz der meisten Palmen ist sehr hart. Einige fingerdicke Spazierstöcke, aus Palmen angefertigt, die ich hier gekauft, sind geradezu wie aus Eisen. Sie werden durch ein scharfes Messer kaum geritzt. Eine der nützlichsten Palmen Javas ist die Zuckerpalme (*Arenga saccharifera*), welche man in der Nähe javanischer Ansiedelungen nie vermißt. Außer den verschie-denartigen Nutzanwendungen, die ihre Blätter im Haushalte der Javanesen erfahren, und dem genießbaren Mehle, das der Stamm enthält, wird aus dem Safte der Blüthenscheiden ein sehr brauchbarer, dunkelbrauner Zucker bereitet, der sehr wohlschmeckend ist. Die Zuckerpalme, obgleich eine hohe, langblätterige Palme, erscheint mir dem äußeren Ansehen nach immer als der

---

86   *Parkia* R.Br., Familie Leguminosae.
87   *Corypha* L., Familie Arecaceae.
88   *Oreodoxa oleracea* Mart., Familie Arecaceae.
89   *Iriartea ventricosa* Mart., Familie Arecaceae.
90   *Sabal Palmetto* (Walter) Lodd. ex Schult. & Schulth.f., Familie Arecaceae.
91   *Bentinckia renda* Mart., Familie Arecaceae.
92   *Salacca edulis* Reinw., Familie Arecaceae.
93   *Cycas circinnalis* L., Familie Cycadaceae.
94   *Ptychosperma* Labill., Familie Arecaceae.

Bettler unter den Palmen, denn ein großer Theil ihrer Blätter ist immer zerrissen, zerknickt, vertrocknet und hängt in Fetzen vom Baume herab; oft findet man sogar nur noch die Blattstiele am Baum. Die Dattelpalme will in Buitenzorg nicht gedeihen. Das Klima ist hier für sie zu feucht und sie entwickelt keine Früchte. Außer den großen, hochstämmigen Palmen, die ein schattiges Wäldchen bilden, das sich den steilen Abhang zum Flusse hinabzieht, giebt es im Garten unzählige niedrige, strauchartige Repräsentanten dieser Familie. Unter diesen bemerke ich schöne Cycasformen, die *Phytelephas macrocarpa*[95] welche das vegetabilische Elfenbein liefert, verschiedene Chamaerops[96] und Rhapisarten[97] und endlich die kleine *Nipa fruticans*[98], welche man nach unten ganz nahe dem Flußufer verwiesen hat, denn sie ist eine Sumpf- oder Wasserpalme. Dieses dem Flußufer zunächst gelegene Terrain, welches beliebig unter Wasser gesetzt werden kann und immer im Zustande des Sumpfes erhalten wird, bietet eine Menge verschiedener Sumpfpflanzen, und hier sind auch die interessanten Mangrovebäume (*Rhizophora*) angesiedelt, von welchen ich bereits gesprochen. Auf dem Flusse selbst und besonders in den Teichen finden wir eine große Mannigfaltigkeit von Wasserpflanzen, schöne, rosenrothe Nymphaeen, Lotus etc. Doch alle werden verdunkelt durch die Königin der Wasserpflanzen, die *Victoria regia*, welche ihre riesigen Blüthen voll süßen Duftes bei Sonnenuntergang öffnet. Ganz in der Nähe der Palmen fäll eine eigenthümliche Gruppe von Bäumen auf, deren Stamm wie durch dicke Knüttel gestützt erscheint, was jedoch nur Luftwurzeln sind. Am oberen Ende des Stammes entwickelt sich ein gigantischer Büchel grasartiger, überhängender Blätter. Das sind alles verschiedene Arten von *Pandanus*[99], einige mit lieblich duftenden Blüthen, andere mit eßbaren Früchten. An diese Gruppe, welche auf einer saftigen Wiese steht und in gegen 50 verschiedenen Arten cultivirt wird, reihen sich die Yuccaarten. Die *Yucca gloriosa*[100] steht in voller Blüthe und die wohlriechenden Blumen bilden bis drei Fuß lange Trauben. Endlich begegnen wir nicht weit davon einem schattigen Wäldchen, gebildet durch baumartige Farnkräuter (meist *Alsophila*arten[101]), die mit ihrem zierlichen, palmenähnlichen Laube erfrischende Kühle spenden. In feenhafter Schönheit blühen die Orchideen. Da die meisten dieser schönen Kinder der feuchten Tropenluft auf Bäumen schmarotzen, so hat man sie in einem kleinen Wäldchen, aus den ihnen zusagenden Bäumen gebildet, etablirt, wo ihre phantastischen, meist wohlriechenden Blüthen, ähnlich schönen Schmetter-

---

95   *Phytelephas macrocarpa* Ruiz & Pav., Familie Arecaceae.
96   *Chamaerops* L., Familie Arecaceae.
97   *Rhapis* L.f., Familie Arecaceae.
98   *Nipa fruticans* Thunb., Familie Arecaceae.
99   *Pandanus* Rumph. ex L.f., Familie Pandanaceae.
100   *Yucca gloriosa* L., Familie Agavaceae.
101   *Alsophila* R.Br., Familie Cyatheaceae.

lingen, von den Zweigen herabhängen. Die Vanillepflanzen, gleichfalls zu den
Orchideen gehörig, werden in einer besonderen Abtheilung cultivirt. Die
Vanille wird außerdem bereits im Großen auf Java cultivirt und ihre
wohlriechenden Früchte bilden einen kostbaren Handelsartikel. Die Musaceen
oder bananenartigen Gewächse, in mehr als 50 Arten aus allen Welttheilen
cultivirt, unter Anderem die *Strelitzia regina*[102], Heliconias[103], Alles Sumpfpflanzen, bilden zusammen eine schöne, schattige Gruppe mit riesigen Blättern,
auf feuchtem Grunde. Es würde zu weit führen, wollte ich in der Erwähnung
der schönen Zier- und Nutzpflanzen fortfahren, welche im Garten zu Buitenzorg wachsen; ich habe auch bis jetzt den größten Theil derselben noch gar
nicht sehen können, obgleich ich jeden Morgen von 6 1/2 bis gegen 10 Uhr
im Garten zubringe. Der Pflanzen sind dort so viele, daß die Gärtner selbst
viele aus dem Gesicht verloren haben. Der Boden ist überall übersäet mit
interessanten Blüthen und Früchten, und es ist oft schwierig, den Baum
ausfindig zu machen, von welchem sie kommen. Die Baumfrüchte erreichen
oft enorme Größe. Ich brauche nur an die Brodfrucht zu erinnern, die zwei
Fuß lang und einen Fuß dick ist, und doch hält sie sich an einem
verhältnißmäßig dünnen Fruchtstiele. Die Pampelmusen (*Citrus decumana*[104]),
große orangenartige Früchte, werden auf Java fast in jedem Garten cultivirt.
Von dem ziemlich hohen Baume hängen die oft kopfgroßen Früchte in
erstaunlicher Menge herab. Interessant sind ferner die Früchte der *Kigelia
pinnata*[105], eines großen afrikanischen Baumes, der im botanischen Garten
wächst. Dieselben sind walzenförmig, 2 1/2 Fuß lang und 8 Zoll dick und
hängen an langen dünnen Stielen herab. Was die genießbaren Früchte anlangt,
die hier cultivirt werden, so kann man ihre Arten nach Hunderten zählen, und
obgleich gegenwärtig die fruchtarmste Jahreszeit ist, so muß ich doch
erstaunen über die Mannigfaltigkeit der Früchte, der man auf den Frucht-
märkten begegnet. Alle Früchte der Tropen, die ich bereits in meinen früheren
Briefen erwähnt, gedeihen auch hier, und außerdem unzählige andere, die ich
alle immer gewissenhaft ausprobire. Meistentheils finde ich sie sehr
schmackhaft, bin jedoch weit entfernt zu behaupten, daß unsere Äpfel, Birnen,
Kirschen und andere Früchte, die natürlich in den Tropen nicht vorkommen,
den Tropenfrüchten nachstehen. Leider habe ich die feinste Frucht der Tropen,
den Mango (von *Mangifera Indica*) nicht zu kosten bekommen. Als ich in
Vorderindien war, standen dort die Mangobäume eben in Blüthe. Für Java bin
ich zu spät gekommen. Die Frucht ist so zart, daß sie, vom Baume gepflückt,
sich nur wenige Tage hält. Dagegen habe ich hier reife Mangustins gefunden,
gleichfalls Früchte eines schönen Baumes, *Garcinia Mangustana*. Sie haben

---

102   *Strelitzia reginae* Aiton, Familie Strelitziaceae.
103   *Heliconia* L., Familie Heliconiaceae.
104   *Citrus decumana* L., Familie Rutaceae.
105   *Kigelia pinnata* (Jacq.) DC., Familie Bignoniaceae.

ungefähr die Größe und Gestalt eines Apfels, doch ist die Schale sehr dick, dunkelroth und adstringent. Nachdem man durch einen Rundschnitt die eine Hälfte der Schale entfernt, liegt das weiße, zarte Fruchtfleisch zu Tage, welches sich ähnlich der Orange in mehrere (sechs) Theile spaltet und in seinem kühlenden, aromatischen Geschmacke Gefrorenem gleicht. Von einem anderen Baume, *Nephelium lappaceum*[106], hängen in ungeheueren Massen rothe, eigroße Früchte herab, deren dicke Schale von dichten, weichen Stacheln besetzt ist, wodurch die Frucht der Klette ähnlich wird. Schneidet man durch einen Rundschnitt die Schale durch, so kommt das weiß, glänzende Fruchtfleisch zum Vorschein, welches täuschend einem hartgekochten, abgeschälten Ei ähnlich sieht und von sehr angenehmem Geschmack ist. Diese Frucht ist im Archipel unter dem Namen Rambutan bekannt. Ebenso angenehm und aromatisch schmecken die Dukos (*Lansium domesticum*[107]), kleine, wallnußgroße, gelbliche Früchte, die in kolossalen Bündeln oder Trauben reifen und einzelne wie Kartoffeln aussehen. Die Schale ist dünn und umhüllt ein säuerliches, durchsichtiges Fruchtfleisch. Man muß die Schale durch einen leisen Druck zum Platzen bringen, denn schneidet oder reißt man dieselbe, so quillt aus ihr ein weißer, widerlicher Milchsaft und macht die Frucht ungenießbar. Die Brodfrucht habe ich nicht nach meinem Geschmacke gefunden. Sie wird hier auch nur von den Eingeborenen gegessen. Sehr schön schmecken aber die Früchte von einigen Palmen, so namentlich die Salakfrucht, von *Salacca edulis*, einer kleinen, stammlosen, stacheligen Palme. Die Frucht hat die Gestalt und Größe eines Tannenzapfens und das weiße Fruchtfleisch ist von einer dünnen Schlangenhaut ähnlichen Schale überzogen. Endlich will ich noch einer sonderbaren Frucht Erwähnung thun, welche im Archipel während eines Theiles des Jahres die Hauptnahrung der Eingeborenen bildet und die sich einer großen Berühmtheit erfreut. Es ist die Durianfrucht, gleichfalls auf einem Baume, *Durio zibethinus*[108], reifend. Sie ist von gelblicher Farbe, hat die Größe eines Kürbis und ist mit dichten, dicken Stacheln besetzt. Aus der Entfernung schon kann man diese Frucht riechen, noch intensiver wird aber dieser specifische Geruch, der sich mit Limburger Käse, Knoblauch, vielleicht auch Asafoetida, vergleichen läßt, wenn man die Frucht öffnet. Die großen, Zoll langen Samen sind in eine weißliche, schleimige Masse gebettet, die wie zersetzter Käse aussieht und entsetzlich stinkt. Nach einer Untersuchung eines Durian in meinem Zimmer konnte ich den Gestank einige Tage lang nicht aus demselben entfernen. Seltsamer Weise erklären viele Europäer den Durian für die feinste Frucht des Archipels, und man behauptet, wer einmal dieselbe gekostet, könne nie mehr davon lassen. Ich konnte mich zu diesem Versuche

---

106   *Nephelium lappaceum* L., Familie Sapindaceae.
107   *Lansium domesticum* Jack, Familie Meliaceae.
108   *Durio zibethinus* L., Familie Bombacaceae.

nicht entschließen. In Indien und im Archipel werden auch viele Orangen cultivirt; alle, die ich gesehen, sind grünschalig und von fadem Geschmacke. Das Klima scheint hier zu heiß zu sein für diese süßen Früchte Hesperiens. So viel über die Früchte Javas. Es würde zu weit führen, wenn ich noch mehr aufzählen wollte.

Ich muß noch einige Worte über die Lebensweise hinzufügen, die ich hier führe. Ich glaube bereits erwähnt zu haben, daß ich im Gasthof wohne. Nach 5 Uhr morgens stehe ich auf, wie alle Bewohner Javas. Die Sonne geht hier bekanntlich das ganze Jahr hindurch etwas vor oder nach 6 Uhr auf (die Länge des Tages differiert zu verschiedenen Zeiten des Jahres nur um eine Kleinigkeit), und ebenso geht sie immer gegen 6 Uhr unter. Drei bis vier Stunden des Morgens bringe ich im botanischen Garten zu. Gegen 10 Uhr hat sich die Luft schon bedeutend erhitzt und ich beeile mich, unter Dach zu kommen. Zwischen 10 und 5 Uhr Nachmittags verläßt der Europäer nur in den dringendsten Fällen die kühl und luftig gebauten Zimmer, in welchen man von der Hitze kaum leidet. Ich benütze diese Zeit, um zu lesen, und meine langen Briefe verdanken ihren Ursprung auch dieser langen Mußezeit. Von der Veranda meines Zimmers mit weit vorspringendem Dache, wo ich gegenwärtig diese Zeilen schreibe, habe ich eine herrliche Aussicht. Tief unter mir liegt ein liebliches Thal, durch welches ein rauschender Bergstrom von dem nahen Gebirge herabeilt. Man hört ihn mehr, als daß man ihn sieht, denn seine Ufer sind größtentheils von üppiger Vegetation, besonders Bambus, eingefaßt, und ein Wald von Cocos-, Sago- und Zuckerpalmen, Brodfruchtbäumen, Mangos, Mangustins, Kaffeebäumen, Gewürznelken und vielen anderen schönen Fruchtbäumen füllt die Seiten des Thales aus. Weiterhin steigt das Terrain höher, und über die Wipfel der Palmen hinweg sieht man zwei hohe Vulcane sich erheben, den Salak und den zweigipfeligen Gedeh, letzterer ungefähr 10,500 Fuß hoch. Continuirlicher Wald bedeckt sie bis zu ihren höchsten Gipfeln. Er wird zum Theil verdeckt durch schwarze Gewitterwolken, die sich dort aufthürmen, und die in ein bis zwei Stunden sich als furchtbares Gewitter über uns entladen werden. Dieses erhabene Schauspiel eines Tropengewitters hat man hier jeden Tag. Die Regenzeit ist zwar jetzt vorüber. Die heftigen, Wochen lang anhaltenden tropischen Regen, welche ganze Wälder mit fortreißen, haben aufgehört, es beginnt der sogenannte Herbst für Java, wo es weniger regnet. Die Nächte und Morgen sind immer klar, aber Nachmittags sieht man die Dünste aus den Schluchten aufsteigen und sich um die Gipfel der Berge zu Wolken formiren, die dann allmälich herabsteigen nach der Ebene, und zwischen 4 und 5 Uhr bricht in der Regel das Gewitter mit so fürchter-lichen Blitzen und Schlägen und so abundantem Regen, wie wir das bei uns nie hören oder sehen.

Salak, von Buitenzorg. Aus: Ernst Haeckel: *Wanderbilder.* Gera: Köhler 1905.

Doch in weniger als einer Stunde ist Alles vorüber, der Himmel wird rasch klar und die Sonne sendet beim Untergehen nochmals freundlich ihre letzten Strahlen über die regenbetropfte Landschaft, über welche sich bald die dunklen Schatten der Nacht ausbreiten. Die Tropennacht ist sternenklar und milde. Schwerfälligen Fluges sieht man riesige Fledermäuse (fliegende Füchse) dahinschweben, wie schwarze Dämonen, während Millionen funkelnder Insecten die Büsche erleuchten und hin- und herfliegen. Das Licht, welches ein einzelnes Insect verbreitet, ist so intensiv, daß man dabei lesen kann. Die hiesigen Damen verwerthen diese leuchtenden Thierchen bisweilen für ihre Balltoilette. Um die Zeit des Sonnenunterganges beginnt ein großartiges Concert der Cicaden, sie singen so laut, daß man sein eigenes Wort nicht hören kann. Es sind wohl zehn verschiedene Arten, jede hat ihren eigenen Gesang und Rhythmus, einige singen nur kurze Zeit, andere die ganze Nacht hindurch. Die eine summt wie ein Brummkreisel wohl eine Stunde lang ununterbrochen, die andere hat einen sägenden Rhythmus, endlich piept eine wie ein junges Huhn. Es ist eine besinnungsraubende, herzbethörende Musik. Wenn die Sonne sich dem Untergange nähert, kommt auch ein garstiges, eidechsenartiges Thier, weiß mit rothen Flecken, etwa einen Fuß lang, zum Vorschein, Es ist dies der Geko (*Platydactylus* [109]), so benannt nach den langgezogenen schnarchenden Tönen, welche er ausstößt, und die ungefähr wie Geko klingen.

---

109   *Gekkonidae*, kleine nachtaktive Echsen.

Die Thiere leben unter den Dachsparren und liegen in der Nacht der Ratten- und Mäusejagd ob, wobei sie im Zimmer einen fürchterlichen Scandal machen. Sie verschmähen aber auch nicht kleine Vögel, Keuchel etc. und beißen schmerzhaft. Vor einigen Tagen fiel mir solch ein kleines Krokodil auf den Tisch und blieb ohnmächtig liegen, was mir Gelegenheit gab, dasselbe näher zu betrachten. Der Geko meldet mir jeden Abend, wenn es Zeit ist sich anzukleiden und die Abendfrische zu genießen. Ich begebe mich dann gewöhnlich zu einem meiner Bekannten, und wir unternehmen einen Spaziergang oder eine Spazierfahrt in die nächste Umgebung von Buitenzorg, wo ich jedes Mal immer etwas Neues sehe. Um 10 Uhr geht hier Alles schlafen, und ich mache eine Ausnahme von der Regel, verschließe jedoch vorher sorgfältig meine Fenster, denn sonst hat man, namentlich wenn Licht im Zimmer brennt, den Besuch von allerlei unangenehmen fliegenden und kriechenden Gästen zu erwarten, als da sind große stinkende Wanzen, riesige Nachtschmetterlinge, fast so groß als Drosseln, Fledermäuse von Maus- bis Katzengröße. Es steigt wohl auch bisweilen eine Schlange durch offene Fenster herein. Ich sah vor einigen Tagen ganz in der Nähe in einem Baume eine fast armdicke Schlange von wenigstens 12 Fuß Länge. Zu meiner großen Befriedigung habe ich mich überzeugt, daß es in Buitenzorg weder Fliegen noch Moskitos giebt. Dafür giebt es aber andere, wenn auch nicht dem Menschen direct, so doch seinem Eigenthum gefährliche Insecten. Nicht allein auf Java, sondern in allen heißen Ländern Asiens wohnen, in der Erde verborgen und das Licht des Tages scheuend, die Termiten, oder wie sie hier gewöhnlich genannt werden, die weißen Ameisen. Diese Thiere zerfressen Alles, was vegetabilischen Ursprunges ist, namentlich aber trockenes Holz. Wenn Holzgegenstände, als Balken, Möbel etc. mit der Erde in directer Berührung stehen, so machen sie, in Millionen anrückend, Gänge in das Holz, steigen bis in die höchsten Stockwerke hinauf und können so ein hölzernes Haus in kurzer Zeit zu Staub zerfressen. Das Bauen der Häuser erfordert daher die größte Vorsicht. Die Füße der Schränke stellt man hier immer in kleine Thongeschirre, die mit vergifteter Flüssigkeit gefüllt. Man bemerkt die Anwesenheit der weißen Ameise erst, wenn sie bereits ihr Zerstörungswerk vollbracht, und es ereignet sich, daß man bei Öffnung eines mit Sachen gefüllten Koffers nichts als ein feines Pulver darin findet. Man war gezwungen, die Telegraphendrähte auf Java auf lebenden Bäumen zu befestigen, denn die Ameisen greifen lebendes, saftiges Holz nicht an, und man hat zu diesem Zwecke überall eine Art Baumwollenbaum (*Eriodendron anfractuosum*[110]) angepflanzt, welcher wegen seiner horizontalen, weit voneinander abstehenden Äste ganz besonders für die Telegraphenlegung geeignet ist.

---

110   *Eriodendron anfractuosum* DC., Familie Bombacaceae.

So wunderbar wie die tropische Natur in Erzeugung von Pflanzen ist, deren Blüthen häufig Schmetterlingen ähnlich sind (Orchideen), ebenso schafft sie auch Insecten, welche Pflanzentheilen, Blättern, Ästen etc. ähnlich sehen. Man findet hier ziemlich häufig ein etwa drei Zoll langes Insect (*Phyllium*[111]), welches man, selbst wenn man es in der Hand hat, für ein trockenes, am Rande ausgefressenes Blatt hält; es ist dünn wie ein Blatt und zeigt auch die Blattnerven. Die Gespensterheuschrecke (*Phasma*[112]) hat täuschende Ähnlichkeit mit einem trockenen Aste. Die Täuschung wird noch dadurch begünstigt, daß diese Thiere sich leblos stellen. Doch plötzlich bekommen das Blatt und der Ast Füße und spazieren oder springen weiter.

Wenn ich in der Nacht von meinem Bette aus die mannigfachen Thierstimmen draußen höre, welche meist Vögeln und Vierfüßlern angehören, so könnte ich glauben, daß ich in einem Wirthshause mitten im Walde logire. Den Tiger höre ich zwar nicht heulen, aber er stattet bisweilen Nachts stille Visiten in Buitenzorg ab und hat sich unlängst einige zahme Hirsche ganz nahe beim Palais des Generalgouverneurs geholt. Da ich gerade vom Katzengeschlecht spreche, so kann ich nicht unterlassen, die interessante Thatsache zu erwähnen, daß alle Hauskatzen Javas schwanzlos sind. Sie tragen nur einen ganz kurzen Stummel am äußersten Ende ihres Körpers, wie die Hasen. Ich glaubte anfangs, daß es hier Sitte sei, die Katzen zu stutzen, erfuhr aber, daß alle Katzen ohne Schwänze geboren werden. Sonst unterscheiden sie sich durch nichts von den unserigen. Die Hühnerställe werden hier häufig ausgeplündert durch den Leguan, eine drei bis vier Fuß lange Eidechse, die sich in allen Teichen findet.

Tjipannas, 10. März 1872

Der Ort, von welchem ich diese Zeilen datire, ist ein Lustschloß des Generalgouverneurs und auch zugleich eine Abtheilung des botanischen Gartens, jenseits der vulcanischen Gebirgskette, welche sich im Süden von Buitenzorg hinzieht. Ich habe von dem gütigen Anerbieten des Generalgouverneurs Gebrauch gemacht, mir für eine Reise ins Innere Wagen und Pferde zu geben, und verließ gestern früh in einer großen Kalesche mit 6 Pferden bespannt Buitenzorg. Dr. Scheffer, Director des botanischen Gartens ist so freundlich, mich auf der ganzen Reise, die ungefähr 12 Tage dauern wird, zu begleiten. Der Adjutant des Generalgouverneurs, Mr. de Rochemont, begleitet uns bis Tjipannas. Wir haben unseren Reiseplan gemacht, und bereits ist an alle Gouverneure und eingeborenen Chefs der Orte, welche wir berühren, der Befehl ergangen, für unser Unterkommen zu sorgen, und uns Fahr- und Reitpferde zu stellen. Zuerst folgen wir der großen Hauptstraße, welche über

---

111　*Phyllium*, Insekt, Gattung der Familie Phyllidae, auch „Wandelnde Blätter" genannt wegen der äußerlichen Ähnlichkeit. Sie werden inzwischen in Terrarien als Haustiere gehalten.

112　*Phasma, Phasmatodea*, Gespenstschrecke, eine Insekten-Ordnung, zu der auch das vorgenannte Phyllium gehört.

das Gebirge nach Bandung, Cheeribon, Samarang und Surabaya und zum äußersten Osten Javas führt. Nachdem man Buitenzorg verlassen, wird das Terrain bald sehr bergig und steigt durch schöne Waldungen steil dem Megamendungpasse zu. Wir müssen vor unseren Wagen außer den 6 Pferden 2, 4, ja zuletzt 10 Büffel spannen, um ihn bis auf 5300 Fuß hinauf zu schleppen. Das geht sehr langsam, denn diese Thiere lösen Ihre Aufgabe zwar sicher, aber mit großem Phlegma. Die hiesigen Büffel (hier Keriban genannt), sind von ungewöhnlich kräftigem Körperbau und meistentheils Albinos, d.h. fast ganz haarlos, und die wenigen weißen Haare sitzen auf fleischfarbener Haut. Endlich erreichen wir mit vieler Mühe nach sechsstündiger Fahrt (20 Werst) die Höhe des Megamendungpasses, welche im Sattel zwischen dem Vulcane Gedeh und dem Megamendung (dem Wolken verhüllten) liegt und die Grenze der Residentschaften Batavia und Preanger bildet. Wir werden für unsere Strapazen durch eine herrliche Aussicht auf die letztere belohnt, ein schönes Gebirgsland voll fruchtbarer, cultivirter Thäler. Alle Berge sind bis zu ihren Gipfeln mit dunklem Walde bedeckt. Die Preanger Regentschaft ist die größte und reichste Javas. Hier sind aber gleichzeitig auch die wildesten und an Naturschönheiten reichsten Partien der Insel anzutreffen. Von der Höhe des Passes steigt der Weg steil hinunter ins Thal. Bald kommen wir an einen reißenden Bergstrom, dessen Brücke durch die letzten Regen fortgerissen worden. Wir müssen unseren Wagen im Stich lassen und auf einem Fußwege den Strom passiren. Doch auf der anderen Seite wartet bereits ein anderer Wagen, der uns rasch nach Tjipannas, einige Werst weiter führt, wo wir unter fürchterlichem Regen anlangen. Tjipannas (heißt Quelle in der Landessprache) liegt am südöstlichen Abhange des Gedeh, 3350 Fuß hoch, in einer wilden, romantischen Gegend. Der Generalgouverneur hat hier eine schöne Villa, wohin er bisweilen kommt, um die frische, kühle Gebirgsluft zu athmen. Das Klima ist hier in der That sehr angenehm kühl und man fühlt sich in Tuchkleidern sehr behaglich. In Sindanglaya, ganz in der Nähe, befindet sich eine Gesundheitsstation, für die in dem heißen Klima von Batavia Erkrankten, unter der Leitung eines deutschen Arztes Dr. Ploem. Der botanische Garten von Tjipannas, in welchem das Lustschloß liegt, ist berühmt wegen seiner schönen Blumen. Denn hier gedeihen eine Menge Gewächse der gemäßigten Zone, welche in Buitenzorg nicht fortkommen; viele Nadelhölzer fühlen sich hier ganz wohl. Außer dem botanischen Garten befindet sich hier ein goßer Gemüsegarten, in welchem europäische Gemüse, Kohl, Salat, Beten, Erbsen, Spargel, Kartoffeln für die Küche des Generalgouverneurs gezogen werden und sehr gut gedeihen. Auch die Eingeborenen dieser Gegend liegen der Cultur europäischen Gemüse, namentlich Kohl und Kartoffeln, ob, und wir begegneten auf der Herreise ganzen Karawanen von Fußgängern, die auf ihren Schultern europäische Gemüse nach Buitenzorg und Batavia trugen. Von Palmen gedeihen in dieser Höhe nur noch die Zuckerpalme (*Arenga*) und die

Caryota maxima[113], welche letztere noch viel höher hinaufsteigt. Aber alle die anderen Palmen, die Kinder der heißen Tropenluft, als die Cocos-, die Arecapalme und die Corypha haben uns schon längst verlassen oder man sieht höchstens hier und da ein kümmerliches Exemplar.

Tjipannas wird gewöhnlich als Ausgangspunkt für die Besteigung des Gedeh gewählt. Heute früh unternahmen wir eine Expedition nach den beiden Gipfeln des Vulcans. Der höchste, der Pangerango, ist beinahe 11000 Fuß hoch. Wir ritten auf kleinen javanischen Pferden, welche gewohnt sind, auf diesen halsbrecherischen Pfaden und Rhinoceroswegen zu klimmen und mit bewunderungswürdiger Sicherheit ihre Aufgabe lösen. Der Weg geht immer durch Wald auf sumpfigem, abschüssigem Terrain voll hervorragender Baumwurzeln und Überresten gestürzter Bäume. Oft müssen die Pferde der Länge nach über einen Baumstamm schreiten. Doch je höher man steigt, desto schöner und wilder wird der Wald. Die Baumfarren (*Alsophila*) mit ihren palmenartigen, zierlichen Wedeln werden immer zahlreicher und stärker und bilden zuletzt dickstämmige Bäume von 30–50 Fuß. Sehr pittoresk sind auch die Nestfarren (*Asplenium nidus*[114]), welche mit ihren großen, ovalen Blättern an verschiedenen großen Bäumen schmarotzen und entweder um den Stamm, da, wo die ersten Zweige beginnen, ein großes Nest bilden, oder man sieht auch solche Nester hoch oben von den dünnen Zweigen herabhängen. Endlich sind wir so hoch gestiegen (4500 Fuß), daß wir den stolzen Rasamalawald erreicht, welcher in dieser Höhe einen schmalen Gürtel rings um den Vulcan bildet. Die Rasamalabäume (*Liquidambar altingiana*[115]) bilden hier schöne Bestände, die sich hoch über den übrigen Bäumen bis zu 250 Fuß und mehr erheben. Die schnurgeraden Stämme haben 3 bis 5 Fuß im Durchmesser. Das rothe, wohlriechende Holz ist das beste Bauholz auf Java. Inmitten dieses Rasamalawaldes finden wir eine Lichtung, und ich werde überrascht durch freundliche Gartenanlagen mit schön geebneten Grandwegen. Ein kleines bescheidenes Häuschen lehnt sich an die dichte grüne Pflanzenmauer des Urwaldes. Hier ist das zweite Filial des botanischen Gartens, Tjibodas genannt. Ein reizendes Plätzchen mit ewiger Frühlingsluft. Die Anlagen sind noch jung, aber dennoch finde ich hier eine Menge Pflanzen der gemäßigten Zone angesiedelt. Die chinesische *Aralia papyrifera*[116], welche das sogenannte *rice paper*, das Material zu den schönen chinesischen Malereien liefert, wurde hier vor einigen Jahren angepflanzt. Der Boden hat ihr so gut behagt, daß ihr der Garten zu eng geworden. Sie wuchert jetzt in baumartigen Stauden weit in den Wald hinein, und nach vielen Jahren wird man sie vielleicht als javanische Pflanze beschreiben. Ein europäischer Gärtner wohnt in dem oben erwähnten kleinen

---

113   *Caryota maxima* Blume, Familie Arecaceae.
114   *Asplenium nidus* L., Familie Aspleniaceae.
115   *Liquidambar* L., Familie Hamamelidaceae.
116   *Aralia papyrifera* Hook., Familie Araliaceae.

Häuschen, doch wird bereits ein größeres Haus aus Rasamalaholz gebaut, und das Echo der Berge und Wälder hallt vielfach wieder von den Axtschlägen und den niederstürzenden, gefällten Riesen. Noch ungefähr 1000 Fuß höher liegt die dritte Station des botanischen Gartens, Tjidurun genannt. Den Weg dorthin finden wir sehr bedenklich. Das Erdreich ist überall von Wasser durchdrungen und schlüpfrig. Eine Menge kleiner Bergströme stürzen von den Bergen herab. Einige können durchwatet werden, andere sind zu reißend, und da die Brücken häufig durch die letzten Regen fortgerissen worden, so müssen die uns begleitenden Eingeborenen rasch durch abgehauene Baumstämme neue Brücken improvisieren. Sie haben außerdem viel zu tun, um uns den lange nicht betretenen, von Baumstämmen verlegten Weg zu bahnen. Der sogenannte Reitweg, den wir verfolgen, ist eigentlich nichts weiter als ein Rhinocerosweg, auf welchem diese ungeschlachten Dickhäuter ihre Promenaden machen. Oft liegen riesige Stämme quer über dem Wege, wir müssen absteigen und die Pferde klettern nur mit Mühe hinüber, denn umgehen kann man einen solchen gefallenen Baum nicht. Es ist unmöglich, in den dichten Urwald zu beiden Seiten einzudringen. Jeder Baum ist von einem dichten Filze von Schlingpflanzen umgeben, oft zehn verschiedene Arten auf demselben Baume. Häufig sind diese mit fürchterlichen Dornen versehen. Einige dieser Schlingpflanzen und Schmarotzer blühen wunderschön, so sieht man sehr häufig an den Baumstämmen die großen, rothen Blüthen einer *Agalmila*[117], und die prachtvollen rosa Blüthensträuße einer *Medinilla*[118]. Außerdem hängen überall die schönsten Orchideen von den Bäumen herab. Ein dichtes Unterholz nimmt den übrigen noch freien Platz zwischen den Bäumen ein, und namentlich sind es verschiedene Farrenkräuter, wilde Bananen, wohlriechende Scitamineen[119], cardamomartige Gewächse (*Elettaria*[120]) und eine schön blühende, strauchartige *Milastoma*[121], die man überall antrifft. So erreichen wir endlich nach vieler Mühe die Lichtung, welche den Namen botanischer Garten von Tjiburun führt, aber nichts weiter als eine Wildniß ist, in welcher man einige nördliche Bäume angepflanzt. Unter anderen sehe ich dort unseren Apfelbaum, aber er will sich nicht zum Blühen anschicken. Auch eine Buche sehe ich und ein „Fichtenbaum steht einsam im Süden auf steiler Höhe." Er scheint nicht von einer Palme zu träumen. Ich glaube, daß einige Grad Frost ihm wohl thun würden. Der Garten von Tjiburun hat weder Häuschen noch Wächter, und die Rhinocerosse grasen noch in ihm. Er ist auch nicht immer zugänglich. In dieser Höhe hat der Rasamalawald schon aufgehört,

---

117   *Agalmyla* Blume, Familie Gesneriaceae.
118   *Medinilla* Gaudich., Familie Melastomataceae.
119   *Scitamineae*, eine Ordnung im Engler-System, umfassend die Familien: Musaceae, Zingiberaceae, Cannaceae, Marantaceae und Lowiaceae.
120   *Elettaria* Maton, Familie Zingiberaceae.
121   *Melastoma* L., Familie Melastomataceae.

und Eichen (lauter javanische Arten) beginnen den Hauptbestandteil des Waldes zu bilden und ihre glatten, großen Eicheln liegen zahlreich auf dem Wege.

Um die letzte Station des botanischen Gartens zu erreichen, muß man noch 3000 Fuß steigen. Sie liegt im Sattel zwischen den beiden Gipfeln des Gedeh und heißt Kadangbadak (Rhinocerosstall). Man hat hier vor Jahren ein kleines Häuschen als Obdach für Touristen erbaut, denn wenn man den Gipfel des Gedeh besteigen will, so muß man hier übernachten. Doch die Vulcane Javas werden nur selten bestiegen, und so geschah es, als man sich einst auf den Gedeh begeben wollte, man das Häuschen occupirt fand, und zwar von einem Rhinocerosweibchen und seinem Jungen. Das Quartier wurde wahrscheinlich sehr rasch von der wilden Wöchnerin geräumt, doch der Name Rhinocerosstall für diese Station ist geblieben. Es gibt in den Wäldern des Gedeh noch immer Rhinocerosse. Es ist merkwürdig, wie diese schwerfälligen Thiere bis zu den Gipfeln der höchsten Berge Javas klimmen. Sie bewohnen aber auch ebenso gern die heiße Ebene in den von Menschen wenig besuchen Wildnissen der Preanger Regentschaft. Unseren Versuch, nach Kadangbadak und auf die Gipfel des Gedeh zu gelangen, mußten wir aufgeben. Die Eingeborenen erklärten, der Weg sei vollständig von gestürzten Bäumen verlegt, deren Wegräumung mehrere Wochen erfordere. Außerdem existire wahrscheinlich das Häuschen oben nicht mehr und man müßte unter freiem Himmel übernachten. Der Gedeh scheint seit einigen Jahren nicht bestiegen worden zu sein. Wir mußten also unser Vorhaben, noch weiter vorzudringen, aufgeben, besuchten aber zu Fuß auf sehr beschwerlichen Pfaden eine schöne Grotte im Walde, ganz nahe von Tjibutun, und ein wildes, romantisches Thal, von allen Seiten von hohen steilen Feldwänden umgeben, in welches 2– bis 300 Fuß hoch drei gewaltige Wasserfälle herabstürzen, und zwar, wie der Staubbach in der Schweiz, ohne die Felswand zu berühren. Sie füllen das ganze Thal mit feinem Staubregen. An den steilen Felswänden sproßt überall das üppigste Grün, und hoch oben ist hohen Wald, aus welchem über niedergebogene Bäume hinweg diese Wassermassen herunterstürzen. Ein erhabener Anblick! Man kann leider in dem Thalkessel nicht lange verweilen, denn der Boden ist überall morastig und die Luft durch den Staubregen empfindlich kalt. Wir schicken uns daher bald zum Rückwege an, der nicht weniger anstrengend ist, weil die Thiere auf dem schlüpfrigen Boden häufig ausgleiten. Wir hörten heute häufig auf unserem Ritte im Walde das Krähen des wilden Hahnes und das Gackern seiner Lebensgefährtin. Ich habe diese Thiere, die Stammeltern unseres Haushuhns, einige Male in der Gefangenschaft gesehen; sie kommen auch in Vorderindien vor. Es giebt auf Java zwei Arten. Bei der einen Art ist die Farbe des Hahns vorherrschend rothbraun, die Henne ist grau. Sie sehen unseren Haushühnern täuschend ähnlich, sind nur etwas kleiner, in ihrem Benehmen scheu und der Gesang des wilden Hahnes ist sehr kreischend, nicht

so ausgebildet als der unserer gezähmten Misthaufensänger. Bei der anderen
Art ist der Hahn bläulich schwarz gefärbt. Der Typus unsere stolzen
Haushahns ist in ihm gleichfalls unverkennbar. In allen Bergwäldern Javas
giebt es eine Menge kleiner, etwa einen halben Zoll langer Blutegel, die auf den
niedrigen Blättern der Pflanzen sitzen und sich auf die vorübergehenden
Menschen und Thiere schnellen, um sie anzusaugen. Beim Menschen wissen
sie sich sehr geschickt durch die Kleider und Maschen der Strümpfe
hindurchzuarbeiten, um an die bloße Haut zu gelangen. Obgleich gewarnt,
hatte ich über die schöne Natur vergessen, an Blutegel zu denken, und als ich
nach Hause kam, fand ich meine Strümpfe voll Blut und blutete wohl aus zehn
Wunden. Dennoch bereue ich den unbequemen Ritt durch den Urwald nicht.
Der Anblick dieser wilden, unbändigen Natur, die hier ewig grünt und schafft,
wiegt die Beschwerden und Unbequemlichkeiten der Wanderung reichlich auf.
Welch ein Genuß ist es hier, aus einer der kleinen Quellen, die überall aus den
Felsen sprudeln, zu trinken.

In einem großen Caladiumblatte, oder in dem Blatte einer Banane, die
überall zu finden, fängt man das kalte, krystallklare Wasser auf und trinkt wie
aus einem großen Becher. Man findet übrigens in den Wäldern auch häufig
Pflanzen (*Nepenthes*[122]), deren Blätter wie große Becher geformt sind. Öffnet
man den Deckel, so findet man in den größeren Arten wohl ein Bierglas voll
frischen klaren Wassers. Ist aber der Deckel bereits losgesprungen, so ist der
Becher voll Insecten.

Bandung, den 13. März 1872
Nach der verfehlten Besteigung des Gedeh setzen wir unsere Reise weiter nach
dem Innern fort und begeben uns zunächst nach Bandung, dem Hauptorte der
Preanger Regentschaft. Der Weg führt immer durch schöne Gebirgsgegend
mit stattlichen Wäldern. In den Thälern sieht man überall große Reisculturen,
an den Abhängen der Berge wird Kaffee gepflanzt. Ziemlich steigen wir von
Tjipannas in das liebliche Thal von Tandjor hinab, wo es wieder dichte
Palmenwäldchen und tropische Fruchtbäume aller Art giebt. Beim Herab-
stiegen von den Bergen zerbricht uns die Deichsel, doch die praktischen
Eingeborenen, welche uns begleiten, schaffen sogleich Rath. Es werden zwei
armdicke Bambus am Wege gefällt, eine zähe dünnen Palmliane, die auch
überall anzutreffen, wird abgeschnitten, gespalten und die zerbrochene
Deichsel mit den beiden Bambus vermittelst der geschmeidigen Liane so
dauerhaft geschient, daß sie noch lange vorhalten kann. Tandjor ist eine
freundliche kleine Stadt, oder besser gesagt, ein Garten, denn die Häuser
verstecken sich so hinter Palmen, Bananen, Fruchtbäumen und Bambushainen,

---

122   *Nepenthes* L., Familie Nepenthaceae.

daß man sie kaum entdecken kann. Die Bambus bilden immer allerliebste, schattige Wäldchen vor den Dörfern. Die Wohnung des indigenen Chefs ist leicht zu erkennen durch einen großen freien Platz vor derselben, welchen einige riesige Waringinbäume (Feigenarten) beschatten. Hinter Tandjor wird der Weg wieder sehr steil, drei bis fünf Büffelpaare müssen uns hinaufziehen, auf der anderen Seite wird der ausgespannte Wagen von einer Anzahl Dorfbewohner an starken, aus Büffelhaut gefertigten Stricken den steilen Abhang hinuntergelassen. Die armen Büffel! Selbst nach dem Tode müssen sie noch arbeiten. Darauf fahren wir einige Stunden lang durch eine aus Morast mit niedrigem Gestrüppe bestehende Wildniß, dem Aufenthaltsorte zahlreicher Tiger, welche hier hauptsächlich die Jagd auf Wildschweine und Hirsche betreiben. Eine schöne Chaussee führt durch diesen Morast, und wir fahren wohl 15 bis 18 Werst in der Stunde. Doch das Vergnügen des raschen Fahrens hört bald auf. Es muß ein Kreidegebirge überschritten werden, es geht steil bergauf, bergab, Büffel, Menschen und Stricke werden requirirt, um uns zu ziehen oder aufzuhalten. Die Gegend ist aber sehr hübsch. Eine Menge verschieden geformter, bewaldeter Kreideberge, Kuppeln, Nadeln, steile Felswände erheben sich von allen Seiten, die letzteren sind immer von einem grünen Pflanzenteppiche überzogen. Einer der Berge führt den Namen Missigit (Moschee) und er stellt in der That eine schöne, gleichmäßige, grüne Kuppel dar. Jenseits der Kreidefelsen liegt das weite fruchtbare Thal von Bandung, in welches wir rasch hinabrollen. In Bandung finden wir wir gastliche Aufnahme im geräumigen Hause des Residenten (Gouverneurs) van der Moore, eines alten, freundlichen Herrn, der vor 40 Jahren nach Java kam und seit der Zeit Europa nicht wiedergesehen hat. Er hat zwei erwachsene Töchter, die eine sehr gute Erziehung genossen, aber Europa nur aus Beschreibungen kennen. Der Resident hat bereits auf die liebenswürdigste Weise alle Vorbereitungen zu unseren Excursionen und zu unserer Weiterreise getroffen. Gestern Nachmittag setzten wir uns in Bewegung, um den im Norden von Bandung liegenden Vulcan Tankuban prahu zu besteigen. Der einheimische Name bedeutet: umgestülptes Boot, und in der That hat der Berg mit seinem langen Rücken diese Form. Der Gipfel ist von Bandung 20 (sehr steile) Werst entfernt. Natürlich wurde die Excursion zu Pferde unternommen. Einige eingeborene Chefs begleiteten uns gleichfalls reitend, während eine Anzahl Eingeborener zu Fuß folgte. Die Eingeborenen Javas aller Klassen gehen immer barfuß einher, und das ist auch bei diesem fortwährend von Regen durchweichten Terrain eine sehr passende Sitte. Nur das immer sich wiedererzeugende menschliche Sohlenleder kann dieser tropischen Feuchtigkeit widerstehen. Stiefel und Schuhe verfaulen hier in kürzester Zeit. Die europäischen Jäger gehen auf Java immer barfuß in den Wald. Wir legten gestern nur etwa 12 Werst zurück und nächtigten in Lembang, am südlichen Abhange des Vulcans, 4500 Fuß hoch, die Gastfreundschaft des Aufsehers der

Cinchonaplantagen beanspruchend, welche auf dem umliegenden Plateau angelegt. Schon aus der Ferne fallen diese Plantagen durch das röthliche Laub auf, Ein starker Schwefelgeruch läßt die Nähe des Kraters ahnen. Unser Wirth, der hier ganz in der Wildniß wohnt, Rhinocerosse und Tiger als nächste Nachbarn, bewohnt auch schon seit langen Jahren Java. Die Rinde der Cinchonabäume liefert bekanntlich das in der Medicin so geschätzte Chinin. Da die Rinde früher nur mit großen Schwierigkeiten aus den Gebirgen Südamerikas, dem Heimathland der Bäume, erhalten werden konnte, so versuchte die holländische Regierung, vor ungefähr 15 Jahren die Chinacultur auf den Gebirgen Javas einzuführen. Gegenwärtig zählt man bereits mehr als 2 Millionen Cinchonabäume auf Java, und ihre Cultur ist die gewinnbringendste aller Culturen auf der Insel. Die Bäume werden entweder aus dem Samen oder aus Schößlingen gezogen. Im dritten Jahre hat der Baum schon 4 Zoll im Durchmesser und die Rinde ist brauchbar. Man pflanzt die Bäume auf ausgerodetem Waldterrain in regelmäßigen Reihen, drei bis fünf Fuß von einander entfernt, an, und sie wachsen unglaublich rasch. Die kleinen weiß und rosa gefärbten Blüthen riechen schön nach Vanille. Von den vielen Arten ist die *Cinchona Calisaya*[123] als die beste anerkannt worden; sie wird auch auf Java am meisten cultivirt und die Rinde bereits in großem Maßstabe nach Europa ausgeführt. Im Schatten der Chinabäume sehe ich eine wohlbekannte europäische Pflanze wachsen, unsere Krampf stillende Kamille, welche hier cultivirt wird und drei Mal im Jahre reichliche Blüthen giebt. Man zieht sie hier für den Bedarf der Hospitäler auf Java. Am Ende der Pflanzungen steht auf einer Anhöhe weithin sichtbar das Grabmal des für die Kenntniß Javas so verdienstvollen Junghuhn (†1864)[124]. Nachdem wir mit unserem Wirthe einen Spaziergang durch die Plantagen und Gärten gemacht und wir durch ein furchtbares Gewitter ins Zimmer getrieben worden, tischt er uns ein einfaches, aber schmackhaftes Abendbrod auf. Von den vorgesetzten Speisen will ich des Contrastes halber erwähnen Reis mit Cocosmilch und Arengazucker gekocht und schöne aromatische Erdbeeren, europäischer Abkunft, jedoch im Garten von Lembang gereift. Das Klima in Lembang ist sehr gemäßigt, deshalb begegnet man auch hier einem ganz europäischen Küchengarten.

---

123 *Cinchona calisaya* Wedd., Familie Rubiaceae.
124 Franz Wilhelm Junghuhn (1809–1864), bedeutender Naturwissenschaftler, insbesondere Botaniker, Erforscher Javas und Sumatras. Das Porträt auf der folgenden Seite stammt von Pieter Willem Marinus Trap, ca. 1850 (Lithographie).

Franz Wilhelm Junghuhn

Heute Morgen, schon vor Tage, brachen wir nach dem Gipfel des Tankuban prahu auf. Ich beging dieses Mal die Vorsicht, meine Füße durch feste Bandagen vor den Waldblutegeln zu schützen. Auch dieser Vulcan ist bis zum Gipfel mit herrlichen Waldungen bedeckt, durch welche sich sehr steil der schlüpfrige Reitweg hinauf zieht. Der letzte Regen hat hier gleichfalls arge

Verwüstungen angerichtet, doch der Gouverneur hat mehr als 30 Leute vorausgeschickt, um die Hindernisse aus dem Wege zu räumen. Auch in diesem Walde sind große Baumfarren, und andere Farrenkräuter, die wilde oder sogenannte Affenbanane, wohlriechende Scitamineen und Orchideen, schöne Melastomaceen, eine Elettaria mit prachtvollen rothen Blüthen, die am meisten in die Augen fallenden Pflanzen. Rasamalabäume giebt es hier nicht; diese kommen nur im westlichen Theile von Java fort. Dafür findet man aber höher hinauf schöne Bestände eines Nadelholzes (*Podocarpus cupressina*[125]), riesige Bäume, welche schönes Bauholz liefern.

Auch Eicheln liegen auf dem Wege, doch die dazu gehörigen Eichen sind schwer herauszufinden aus dem Gewirr von Bäumen. Die Blätter, Blüthen und Früchte der meisten Bäume stehen so ungeheuer hoch, daß man sich einen Baum eigentlich nur näher ansehen kann, wenn er gefällt daliegt. Während des Aufsteigens hat man in der Regel gar keine Fernsicht, man ist immer im dichten Waldesschatten. Nur an einer Stelle, wo während des letzten Regens ein Stück Gebirge mit dem darauf stehenden Walde in die Tiefe gestürzt war, eröffnet sich plötzlich, bei einer Biegung des Weges, ein herrliches Panorama auf die fruchtbare, reich cultivirte Ebene von Bandung. Wenn man in Europa von einer Höhe herab auf eine cultivirte und bevölkerte Ebene sieht, so sind es die rothdachigen Häuser, welche Dörfer und Städte kennzeichnen. Hier hingegen sind die bewohnten Plätze nur als Waldgruppen kenntlich, die in die weit ausgedehnten Reisefelder eingestreut erscheinen. Kein einziges Haus ist sichtbar in Bandung, welches tief unten vor uns liegt, und wir können seine Lage nur bestimmen aus der Flagge vor dem Hause des Gouverneurs, welche die Baumwipfel überragt und mit dem Fernrohr erkennbar wird. Auf der anderen Seite der Ebene sieht man einen anderen hohen Vulcan sich erheben, den Malawar (8000 Fuß). Er hat gleichfalls eine dichte Waldkrone, weiter nach unten trägt er Cinchonaplantagen, Thee- und Kaffeeculturen. Der Reitweg, welcher auf den Gipfel des Tankuban prahu führt, ist zum größten Theile die Vervollkommnung eines alten Rhinocerosweges. Begreiflicher Weise können diese ungeschlachten, schweren Thiere, welche noch in bedeutender Anzahl die Wälder dieses Vulcans bewohnen, nicht leicht wie die Vöglein durch das Dickicht schlüpfen, sondern sie haben sich ihrer Körpermasse entsprechende Wege gebahnt, auf welchen sie den Wald durchstreifen. Solche Wege, die kreuz und quer durch den Wald führen, sieht man sehr häufig, und hält sie, wenn man ihren Ursprung nicht kennt, für von Menschenhand angelegte. Doch bei näherer Betrachtung findet man die einen Fuß im Durchmesser haltenden Spuren des Thieres, welche sich meist tief in den feuchten Boden eindrücken. An einer Stelle konnten wir deutlich erkennen, daß ein Rhinoceros einen Pandanusbaum umgebrochen und die jungen Blätter verzehrt hatte. Wir haben

---

125 *Podocarpus cupressinus* R.Br. ex Mirb., Familie Podocarpaceae.

jedoch weder ein Rhinoceros zu Gesicht bekommen, noch eines gehört. Die Thiere sind außerordentlich scheu und halten sich des Tages über in den unzugänglichen Dickichten auf. Wenn man sich dem Gipfel des Vulcans nähert, so findet man den Reitweg auf einer großen Strecke beiderseits eingefaßt von dichten Gebüschen wilder Himbeeren. Es ist zwar nicht unsere Himbeere, sondern eine javanische Art mit gefingerten Blättern und großen gelben Beeren, doch die letzteren haben genau den aromatischen Geschmack unserer Gartenbeeren. Kaum hatten die begleitenden Javanesen bemerkt, daß die Waldbeeren mir behagen, als sie mir auch schon einen ganzen Haufen abgehauener und mit Beeren überfüllter Sträuche[!] präsentiren. Mein Pferd, von dem anstrengenden Marsche auf steilen Pfaden ermüdet, bläst schwer. Ich beschließe, mir und dem Thiere eine kleine Erholung zu gewähren und meinen Begleiter abzuwarten, der weit zurückgeblieben ist. Einer der großen Baumstämme, welche überall umher liegen, gewährt mir einen trockenen Sitz inmitten dieses ewig feuchten, sumpfigen Waldgrundes. Ich kann mich ungestört meinen Betrachtungen hingeben. Doch meine Gedanken sind dieses Mal nicht auf die großartige Natur gerichtet, welche mich in feierlichem Schweigen rings umgiebt, sondern sie schweben über den fernen Gestaden der Heimath mit ihren traulichen Wäldern, ihren wohlbekannten Blumen, Bäumen und Früchten. Ich glaube, es waren die zierlichen Himbeerbüsche mit ihren aromatischen Waldbeeren, welche diese Erinnerungen plötzlich in mir weckten. Und eine Erinnerung reiht sich an die andere. Die Jugendeindrücke längst verflossener Tage werden wieder frisch, und vor meiner Seele zieht ein klares Bild der heimathlichen Natur vorüber mit dem lieblichen Wechsel der Jahreszeiten, so wunderbar contrastirend mit dem rastlosen Schaffen der mit ewigem Grün bekleideten Tropenwelt. Bald werden jetzt die milden Strahlen der Frühlingsonne die weiße Schneedecke lüften, welche während des langen Winters daheim die erstarrten Blumen bedeckte. Bald wird man in den Wäldern das Rauschen und Rieseln der Wasserbächlein hören, die den schmelzenden Schnee fortführen, und schon sprossen hier und da die ersten Leberblümchen und Waldanemonen auf tannenbeschatteten Waldgrunde. Die Lerche steigt wirbelnd auf im warmen Sonnenscheine, im Walde pfeift die Drossel, von Ast zu Ast fliegend, ihr melodisches Lied bis spät in die Nacht hinein, und quarrend lockt die Schnepfe auf ihren kreisenden Abendflügen. Dann hört man das Rauschen oder die Stimmen der Zugvögel, die, sich eine Nachtruhe gönnend, vorüberziehen, in geregelten Flügen nach Norden, um die gewohnten Brutplätze aufzusuchen. Und höher und höher steigt die Sonne auf am südlichen Himmel mit ihren erwärmenden Strahlen. Ich sehe im Geiste die erste Schwalbe heimkehren von ihrer fernen Wanderung und den Storch sein altes Nest ausbessern, in welchem er nun schon seit vielen, vielen Jahren mit seiner treuen Gattin vereint alljährlich seine Jungen ausbrütet und groß füttert. Die Wiesen bedecken sich mit einem röthlichen Teppich von Schwalbenaugen, zwischen denen sich die gelben Kugeln des Trollius wiegen und liebliche Schlüsselblumen winken. In den knospenden Birkenwäldern, die weithin frischen Duft spenden, ruft und lacht der Kuckuck bald nah, bald fern, und schlägt die Nachtigall versteckt im Blüthenschnee des Faulbaumes. Die Kastanien haben ihre großen Blattfinger entfaltet, und hohe Blüthenpyramiden steigen jetzt aus ihren Zweigen auf, die Äpfelbäume blühen, umschwärmt von fleißigen Bienen und Grasmücken, Finken und andere Sänger preisen die warme Maienluft. Und die Tage werden länger und die Luft wärmer. Hohes Gras steht auf den Wiesen, untermischt mit wohlriechenden Kräutern und Blumen. Es naht die schöne Johanniszeit. Oh ihr herrlichen langen Tage und ihr milden kurzen Nächte, wo das Abendroth mit dem Morgenroth fast zusammenfließt. Wie oft saß ich dort vor dem heimischen Hause unter den großen Kastanien an späten Sommerabenden. Die Luft ist still und klar, nur die Schnarrwachtel schnarrt in den nahen thaubetropften Saaten, und von fern her tönen die Gesänge des Landvolkes zu mir herüber. Nur schwer kann man sich rennen von dem Zauber der nordischen Sommernacht. Man bereut die Stunden, welche man der Ruhe gönnen muß. Auch diese Zeit geht vorüber. Die saftigen Kräuter der Wiesen sind unter der Sense gefallen, die reifen Saaten sind eingeheimst, die Sonne, nachdem sie Saaten und Früchte gereift, tritt ihren Rückweg an, die Nächte werden länger und kälter und der Wund pfeift über die Stoppeln. Noch prangen die Gärten im Schmucke ihrer nordischen saftigen Früchte, wohl schimmern noch häufig im warmen Sonnenscheine die weit verzweigten Spinngewebe, doch der Sommer ist zu Ende. Die Schwalben sammeln sich zum fernen Fluge, und hoch in der Luft halten die Störche ihre Flugübungen, um die lange Reise nach den heißen Tropen zu bestehen. Von Wind und Regen abgeschüttelt fällt das Laub, und bald stürmen Schneegestöber über die grauen Fluren und entblätterten Wälder. Und wiederum ist Alles todt in der Natur, unter Eis und Schnee begraben.

Ich sehe den Rauch der Heimath aufsteigen in die kalte Winterluft über der traulichen Wohnung. Dort habe ich oft an langen Winterabenden gesessen am warmen Ofen und von fernen Gegenden gelesen, wo die Natur ewig grünt unter scheitelrechter Sonne Gluthen. Meine Jugendträume sind in Erfüllung gegangen. Ich habe sie gesehen in ihrer Pracht, diese Zauberländer mit ihren wunderbaren Bäumen und ewig duftenden Blüthen. Sie sind schön, unbeschreiblich schön. Und dennoch scheint es mir oft, wenn alte Erinnerungen in mir wach werden, als gebe es in der Welt nichts Erhabeneres, als unsere nordische Natur mit dem sich immer erneuernden Reize der Jahreszeiten. Nicht ohne Sehnsucht gedenke ich dann auch der Zeit, wo ich euch wiedersehen werde, ihr knospenden Birkenhaine und düsteren Tannenwaldungen, wo ich wieder zu der alten knorrigen Eiche hinaufschauen kann, dem heiligen Banyanbaume des Nordens. Dort, wo der Fichtenwald rauscht, erheben sich blumenbepflanzte Hügel und Kreuze. Unter ihnen schlafen ihren langen Todtenschlaf die Generationen, welche der alte Eichbaum entstehen und vergehen sah ....

Doch zurück aus den fernliegenden Traumgebilden zur nahen Wirklichkeit! Ich befinde mich in den Urwäldern Javas. Die Sonne, die bei uns jetzt noch zögert und geizt mit ihren Strahlen, ist hier bereits hoch gegen den Zenith vorgerückt. Zwar durchdringen dieselben das dichte Laub des Waldes nicht, aber dennoch ist es Zeit, den Gipfel des Vulcans zu erreichen und an den beschwerlichen Rückweg zu denken. Auf dem Gipfel des Tankuban prahu (beinahe 7000 Fuß) angelangt, sehen wir vor uns den etwa 200 Fuß tiefen Schlund des Kraters, dessen Boden durch zwei kleine Seen gefüllt ist. Das vom Schwefel weißgefärbte Wasser kocht und sprudelt. Aus schwarzen Spalten und Öffnungen dringen unter unheimlichem Pfeifen und Stöhnen dicke Schwefeldämpfe hervor, und Schwefel liegt überall massenhaft umher. Die Bäume auf dem Gipfel des Vulcans sehen durch diese Dämpfe alle sehr kränklich aus. Nur eine Art *Vaccinium* (Blaubeere) gedeiht vortrefflich selbst im Schlunde des Kraters. Das Häuschen, welches man oben am Kraterrande zum Schutze der Besucher gebaut, ist durch die letzten Regen und Stürme in die Tiefe geschleudert worden. Aus den umliegenden Schluchten sehen wir kleine Wolken sich erheben, alle steuern neugierig dem Krater zu und umgeben ihn endlich von allen Seiten. Doch, als wenn sie Furcht hätten, halten sie an dem Kraterrande, um denselben eine Wolkenmauer bildend. Bisweilen sollen die Wolken aber auch den Krater ganz ausfüllen. Nach Lembang zurückgekehrt, fanden wir dort Wagen und Pferde vor, welche uns rasch über die etwas steile Fahrstraße nach Bandung zurückbrachten.

Garut, den 21. März 1872

Nachdem wir Bandung verlassen und noch einige Zeit über das reiche, fruchtbare Plateau gefahren, wenden wir uns südöstlich und betreten ein schönes, waldiges Gebirgsland, in dessen Thälern jedoch meist Culturen anzutreffen sind. Wie auf allen Gebirgsstraßen, geht es auch hier bergauf, begab. Wir werden von Pferden und Büffeln in verschiedenen Combinationen bergauf gezogen und meist von Menschen an Stricken heruntergelassen. Das nächste Ziel unserer Reise ist der Ort Garut, welcher in einer der schönsten Gegenden Javas gelegen ist, in einem weiten Thalkessel, der von mehr als zehn hohen Vulcanen umstanden ist, Die meisten sind noch in Thätigkeit, der Gantur (Donner) zeigt am häufigsten von heftigen Erdbeben begleitete Eruptionen. Wir lassen uns in Garut auf einige Zeit nieder, um von hier aus Ausflüge nach den Gipfeln der Vulcane und verschiedenen Plantagen an ihren Abhängen zu machen. Garut liegt ungefähr 2000 Fuß hoch. Es ist der Sitz eines von Bandung abhängigen Unterresidenten und eines indigenen Unterre-sidenten. Ich muß hier eine Erläuterung dieser Namen geben da sie sonst leicht mißverstanden werden. Die Insel Java ist in 24 Residentschaften (oder

Provinzen) getheilt. Die größeren, sowie namentlich die Preanger, welche den größten Theil von Westjava einnimmt, zerfallen in einige Unterresidentschaften. Residenten und Unterresidenten sind immer holländische Beamte. Ihnen zur Seite stehen die Regenten und Unterregenten, eingeborene Chefs, Nachkommen früherer Fürsten, welche, obgleich ihre Macht fast Null ist, mehr als das Doppelte des Gehaltes des Residenten von der holländischen Regierung beziehen. Der von Bandung z.B. steht auf nicht weniger als 80,000 Gulden jährlich. Die Regierung bezweckt durch diese Einrichtung, sich beim Volke populair zu machen. Die Javanesen sollen anscheinend durch Eingeborene regiert werden. Der Regent erfreut sich immer einer große Popularität beim Volke, und der Resident wirkt daher immer nur durch ihn auf die Massen, und da der Regent gut bezahlt ist, so gerirt er sich auch als treuer Diener der Regierung. Dieses System scheint sehr praktisch zu sein. Das Volk bildet sich ein, von seinesgleichen regirt zu werden und ist zufrieden. Man bedarf keiner europäischen Soldaten, wie in britisch Indien, um die Regierungsmaschine in Gang zu halten. Die Truppen auf Java bestehen fast nur aus Eingeborenen. Die Zahl der europäischen Soldaten auf Java beträgt nur einige Tausend. Am meisten machen den Holländern in ihren ostindischen Colonien die Chinesen zu schaffen, denn diese sind außerhalb China[s] überall ein übermüthiges, unruhiges Volk, welches sich den Landesgesetzen nicht fügen will und gern conspirirt. Die Holländer haben schon häufig blutige Kriege gegen sie führen müssen. Übrigens hat man jetzt der Einwanderung dieser wie Wanzen nach allen Winkeln der wärmeren Erdstriche sich verbreitenden Chinesen auf niederländisch Indien eine Grenze gesetzt. Einer vernünftigen Verwaltung hat die holländische Regierung es zu verdanken, daß die Nettoeinnahme Javas sich auf ca. 20 Millionen Gulden jährlich beläuft. Es ist bekannt, daß die Verwaltung von britisch Indien um einige Millionen Pfund Sterling mehr kostet, als die Einnahmen betragen, und der einzige Vortheil, den England aus Ostindien zieht, ist, daß es dort seine Fabrikate absetzen kann. Die Ordnung, welche man überall auf Java antrifft, ist wirklich erstaunenswerth. Unsere Reise begegnet auch nicht den geringsten Hindernissen. Alles ist auf das Beste arrangirt, Pferde und Menschen, mehr als wir brauchen, stehen und in jedem Orte zu Gebote.

Wir lassen uns in Garut bei dem indigenen Regenten nieder, welcher uns ein geräumiges Haus, mit allem europäischen Comfort eingerichtet, anweist, und auch verschwenderisch für unsere Leibesnahrung sorgt. Zunächst unternehmen wir zu Pferde eine Expedition nach dem Vulcane Telegabodas. Auch dorthin ist der Weg wunderschön. Langsam durch die Ebene ansteigend, begegnen wir zuerst schönen Teakholzanpflanzungen. Ich habe schon in meinen früheren Briefen von diesem Baume, welcher ein unverwüstliches Schiffsbauholz liefert, gesprochen. Hier sieht man diesen stattlichen Baum mit seinen bis zwei Fuß langen Blättern in langen regelmäßigen Reihen auf großen

Flächen angepflanzt, einen düster aussehenden Wald bildend. In Ostjava giebt es große wilde Teakwaldungen, doch im Westen kommt der Baum wild nicht vor. Weiter gelangen wir zu ausgedehnten, schattigen Kaffeeplantagen. Der Kaffeebaum oder Strauch ist hier ungefähr 10 Fuß hoch. Die langen, herunterhängenden Äste mit dunkelgrünen, glänzenden Blättern sind überladen mit rothen wohlschmeckenden Beeren, von denen jede zwei Kaffeebohnen, wie ein Vielliebchen vereinigt, enthält. Ein kleines marderähnliches Thier (*Paradoxurus Musanga* [126]), dessen eigentliches Gewerbe Hühnerdiebstahl ausmacht, ist eben so lecker nach Kaffeebohnen und wohnt meist ganz in den Kaffeeplantagen. Doch gehen die geraubten Bohnen für den Pflanzer nicht verloren, man findet sie später wieder irgendwo, nachdem sie durch das Thier gewandert, und sammelt sie. Der aus diesen Bohnen bereitete Kaffee gilt für besonders wohlschmeckend, wird jedoch, glaube ich, nicht nach Europa verschifft. Da der Kaffeestrauch Schatten liebt, so bildet er immer das Unterholz schnell wachsender Bäume, die man auf den für die Kaffeecultur ausgerodeten Waldstrecken zunächst anpflanzt. Man pflanzt zu diesem Zwecke namentlich eine *Erythrina*[127] an, welche schon nach drei Jahren 40 Fuß und mehr hoch ist, und deren Stamm dann beinahe einen Fuß im Durchmesser hat. Überhaupt wachsen die meisten Bäume hier unglaublich rasch, denn Regen und Wärme sind ja die Hauptfactoren des Pflanzenwachsthums. Kaffee wird auf Java überall gebaut und Jeder cultivirt zum wenigsten den Kaffee für den Hausbedarf in seinem Garten. Ebenso werden Muscatnuß und Cacao sehr viel in Gärten cultivirt. Die große Kaffeeplantage durch welche wir reiten, ist Eigenthum der Regierung. Noch weiter nach oben kommt schöner Wald. Die Bäume werden immer höher. In Guirlanden hängen üppige Schlingpflanzen und andere Schmarotzer, namentlich duftige Orchideen, herab. Das graziöse Laub der Baumfarren überragt die dichten Gebüsche der wilden Banane. Überall liegen die großen weißen Blüthen einer *Fagraea*[128] auf dem Wege umher, doch der zugehörige Baum ist schwer herauszufinden. Das Terrain wird immer bergiger. Die Felsen, mit einem dichten Pflanzenteppich überzogen, steigen senkrecht hinab in die dunkle Schlucht, wo der Bergstrom mit Mühe sich einen Weg bahnt und gegen die Felswand schäumt. Affenheerden bewegen sich schreiend durch die Baumwipfel, zahlreiche Rhinoceroswege kreuzen den unserigen, alle mit frischen Spuren ihrer behaglichen Promenaden. Endlich haben unsere Pferde uns hinaufgeschleppt auf steilen Pfaden, bis zur Höhe von ungefähr 6000 Fuß. Das Dunkel des Waldes macht einer Lichtung Platz. Wir stehen vor einem reizenden Alpensee, von wildem Walde umgeben. Der See, welcher ungefähr eine Werst im Umkreise hat, füllt einen alten erlosche-

---

126   *Paradoxurus musangus*, Südlicher Fleckenmusang (einheimischer Name Luwak), eine Schleichkatzenart, wonach der Kaffee Kopi Luwak genannt wird.
127   *Erythrina* L., Korallenbaum, Familie Fabaceae.
128   *Fagraea* Thunb., Familie Loganiaceae.

nen Krater aus. Auch hier finden sich am Ufer zahlreiche Rhinocerosspuren. Ganz in der Nähe befindet sich eines der berüchtigten Giftthäler Javas, über welche so viel gefabelt worden. Man beschuldigte in früherer Zeit gewisse Bäume namentlich den *Antiaris toxicaria*[129], durch seine Ausdünstung jedes lebende Wesen, das sich ihm nähere, zu tödten. Später fand man, daß dieser Baum zwar sehr giftig, jedoch nicht durch seine Ausdünstung tödte. Das Factum, daß man in den Giftthälern eine Menge Thiere todt am Boden findet, erklärt sich durch Kohlensäure, die aus dem Boden aufsteigt, und Thiere, welche diese Gegenden besuchen, werden dadurch getödtet, während der aufrecht gehende Mensch durch das Gas nicht afficirt wird. Auch in dem Giftthale bei Telegabodas lagen die halbverwesten Körper einiger Viverren [Zibettiere], Affen und kleiner Vögel.

Papandajan, Vulkan auf Java. Aus: Ernst Haeckel: *Wanderbilder*. Gera 1905.

Einen anderen schönen Ausflug machten wir nach dem Vulcane Papindayan [!], dessen Gipfel 8400 Fuß hoch ist und dessen Ersteigung zwei Tage in Anspruch nahm. Am ersten Tage ritten wir nach Tjisarupan, einem reizenden Dorfe, 5000 Fuß hoch, am nördlichen Abhange des Vulcans, voll alter Waringinbäume. Auch stehen dort einige Prachtexemplare von *Caryota maxima*, wohl die einzige Palme, die in dieser Höhe noch anzutreffen.

---

129   *Antiaris toxicaria* (J.F.Gmel.) Lesch, Familie Moraceae.

Wir übernachteten in einem Kronshause, welches zum Besten der holländischen Beamten erbaut, und lassen uns vom indigenen Chef des Ortes beköstigen, der uns ein ganz wohlschmeckendes Abendbrod zusammenstellt, wenn auch die Erwähnung einer der aufgetischten Speisen, gebratene Fledermaus, in Europa Schauder erregen wird. Doch das Fleisch der großen Fledermaus (*Pteropus edulis*), welche ich schon mehrmals erwähnt, ist sehr zart und schmackhaft. Diese Thiere nähren sich nur von Früchten. Ein furchtbares Gewitter brach gleich nach unserer Ankunft in dem Orte los, und unsere Sachen, die von Menschen getragen wurden, waren noch nicht angekommen, was uns einige Besorgnisse für unsere Reservekleider und Wäsche einflößte, denn was hier einmal naß geworden, wird nicht leicht wieder trocken. Endlich langten die Leute an, und siehe da, unser Gepäck war von keinem Tropfen Regen berührt worden. Einige gegen 6 Fuß lange Caladiumblätter, die man darüber gedeckt, hatten wie Regenmäntel geschützt. Am folgenden Morgen, der, wie immer in diesen Gegenden, heiter und klar war, wurde die Besteigung des Vulcans unternommen. Wiederum reiten wir durch herrlichen Urwald. Es ist bemerkenswerth, daß jeder der Vulcane immer einzelne Baumarten trägt, die auf den übrigen Bergen nicht gefunden und die ihm eigenthümlich. So finden wir hier ungeheuere Stämme von *Nauclea*[130], ferner Puspawälder (*Gordonia Wallichii*[131]) und *Parasponia*[132]. Letzterer Baum, zur Familie der Ulmen gehörig, hat, von fern gesehen, mit seiner weißlichen Rinde einige Ähnlichkeit mit unserer Espe, ist nur viel riesiger. Auch diese Bäume wachsen sehr rasch und werden zum Schutze des Kaffees angepflanzt. Rhinoceroswege kreuzen auch hier vielfach unseren Weg. In einigen Stunden haben wir den Krater erreicht, welcher sich beim letzten Ausbruch durch Einsturz der einen Hälfte des Berggipfels gebildet hat. Schon aus dem Thale von Garut sehen wir die weite vegetationslose Schlucht, aus welcher beständig dichte Schwefeldämpfe aufsteigen. Man kann ohne Gefahr diese Kraterschlucht betreten, wird nur bisweilen bei plötzlich sich ändernder Luftströmung stark von den Schwefeldämpfen belästigt. Eine silberne Uhr in meiner Tasche war vollkommen schwarz geworden. Die Eingeborenen haben immer sehr treffende Namen für die Vulcane Javas. Papindayan heißt in der Sundasprache: „Schmiedewerkstätte", und in der That hört man in der Kraterschlucht außer dem Zischen und Stöhnen der aus unzähligen kleinen Öffnungen hervorbrechenden Dämpfe ein deutliches Hämmern im Innern. Es ist gerade Ostermorgen (neuen Styls). Wir haben einige Eier mitgebracht und kochen uns Ostereier in einem der brodelnden kleinen Teiche an dem großen Dampfapparate der Natur.

---

130   *Nauclea* L., Familie Rubiaceae.
131   *Gordonia Wallichii* DC., Familie Theaceae.
132   *Parasponia* Miq., Familie Ulmaceae.

Der Vulkan Tjikorai

Wir beschlossen unseren Aufenthalt im Thalbecken von Garut mit dem Besuche einer der größten Theeplantagen Javas, am nördlichen Abhange des Vulcans Tjikorai[133], in einer Höhe von 4000 Fuß angelegt. Wir verweilen einen ganzen Tag an diesem herrlichen Orte mit ewigem Frühlinge. Leider regnet es nur hier, wie in allen tropischen Gebirgsgegenden, außerordentlich viel. Meine Kleider und namentlich Stiefel schimmeln und faulen mir auf dem Körper. Das Papier, worauf ich schreibe, muß vorher über Feuer getrocknet werden. Die Bücher welche ich mit mir führe, sind alle in- und auswendig mit Schimmel illustrirt, und neulich fand ich einen Pilz aus meinem Mantelsacke herausgewachsen. Nur am Vormittage kann man in Java immer auf heiteres Wetter rechnen und darnach richten wir auch unsere Reisen ein und bemühen uns, bis spätestens 2 Uhr Nachmittags unter Dach zu kommen. Das Haus, in welchem Mr. Holle, der Eigenthümer der Theeplantage, unser liebenswürdiger Wirth, wohnt, gewährt von seiner Terrasse einen Überblick über das ganze Thalbecken von Garut, welches wohl 30 Werst lang und 10 bis 15 Werst breit. Der Thalgrund ist größtentheils von Fruchtgärten und Reisculturen eingenommen.

---

133   Tjikorai (2815 m) bei Garut. Die Zeichnung stammt von Ernst Haeckel (*Aus Insulinde. Malayische Reisebriefe.* Bonn: Strauß 1901, 153).

Die unter Wasser gesetzten Terrassen der Reisfelder gleichen ausgedehnten Seen. Am Fuße der Vulcane und auch höher hinauf kann man bisweilen einzelne Plantagen unterscheiden; doch größtentheils ist der Fuß der Berge noch von großen, hochgrasigen Prairien eingenommen, wo der Tiger auf Hirsche und Wildschweine jagt. Dort lebt auch ein kleines, zum Hirschgeschlechte gehöriges Thierchen, der *Moschus javanicus*[134], welcher nicht größer als ein Kaninchen ist. Man sieht diese niedlichen Thiere häufig gezähmt auf Java. Die höheren Regionen und die Gipfel der Vulcane sind fast immer mit dichtem Urwalde bestanden, dessen dunkles Grün sie leicht von den Grasflächen unterscheiden läßt. Nur der Vulcan Guntur ist ein nackter, von Lavaströmen durchfurchter Felsen, auf welchem sich keine Vegetation anzusiedeln wagt. Mr. Holles Theeplantagen, die erst vor 8 Jahren angelegt worden, haben eine große, kaum zu übersehende Ausdehnung. Alle Abhänge und Schluchten der Umgegend sind mit dichten Reihen des kleinen Theestrauches besetzt. Durch Beschneiden werden die Sträucher immer klein erhalten, denn Kinder und Frauen beschäftigen sich mit dem Einsammeln der Blätter. Thee wird auf Java schon seit mehr als dreißig Jahren cultivirt und seine Cultur wird nächst der Chinarindencultur als die einträglichste betrachtet. Er wird in großer Menge als chinesischer Thee, mit chinesischem Namen nach Europa verkauft. Nach meinem Geschmacke ist der auf Java fabricirte Thee ein abscheuliches Zeug, ohne Spur von Aroma, eher nach Senesblättern, denn nach Thee schmeckend. Dagegen habe ich nirgends so aromatischen Kaffee getrunken, als auf Java. Bei Mr. Holle hatte ich Gelegenheit, einige schöne Exemplare des wilden javanischen Stieres oder Banteng (*Bos sundaicus*[135]) in der Gefangenschaft zu sehen. Der Bull ist so groß als ein großes Pferd, schwarz, mit weißen Schenkeln und Füßen, während die Kuh und die jungen Bullen roth gefärbt sind. Der Banteng, welcher in den Urwäldern Javas nicht selten ist, wird hier noch mehr gefürchtet als Tiger und Rhinoceros, besonders die alten Bullen, die als Einsiedler leben, denn sie greifen den Menschen an, wo sie ihm begegnen. Wenn der wilde Bull zahme Viehheerden bemerkt, so bricht er gewöhnlich in dieselben ein und tödtet mit einigen Hörnerstößen die Bullen, worauf er sich, wenn auch nur auf kurze Zeit, zum Sultan der Heerde aufwirft. Unter den riesigen Heerden sieht man häufig Mischlinge, die vom Banteng abstammen.

An Bord der „Newa, auf der Rückreise nach Singapore, den 3. April 1872
Seit ich meine letzten Reiseerinnerungen aufgezeichnet, sind beinahe zwei Wochen verflossen. Ich befinde mich wieder auf hoher See und will einen Theil des Faullenzerlebens, welches man hier an Bord führt, dazu benutzen, um den verlorenen Faden meiner Reisenotizen wieder aufzunehmen und dann endlich

---

134   *Moschus javanicus*, d.i. Java-Kantschil (*Tragulus javanicus,* Osbeck, 1765).
135   *Bos sundaicus* d'Alton, 1836 – Banteng.

bis auf Weiteres einen Knoten zu machen. Denn mein Brief ist, wie ich mich eben überzeuge, trotz meiner Bemühungen, nur das Wichtigste zu erwähnen, durch die successiven Aufzeichnungen unbemerkt bereits zu einem ganzen Postpackete angeschwollen. Ich will mich daher zum Schlusse so kurz als möglich fassen.

Nach Beendigung unserer Excursionen in die Gebirgsländer Centraljavas verließen wir Garut, und die Reise ging auf demselben Wege, als wir , über die große Heerstraße zurück nach Buitenzorg, nur etwas rascher, da auf dem Rückwege mehr bergab, als bergauf gefahren wird. Wo ebener Weg ist, fährt man auf Java ebenso rasch, als die Courire in Rußland fahren. Die javanesischen Postpferde sind ausgezeichnet, meistentheils Mischlinge von arabischen Pferdeb und den kleinen enheimischen. In der Residentschaft Batavia werden vier Pferde vor enie gewöhnliche Kalesche gespannt, in der bergigen Preanger Regentschaft jedoch nie weniger als sechs (lang gespannt), zu welchen häufig bis zehn Büffel hinzugefügt werden. Obgleich die Stationen nur kurz sind, und auf jeder zwölf bis dreißig Pferde gehalten werden, so sind die armen Thiere doch selbst nach einer kurzen Fahrt unter der glühenden Tropensonne immer wie ausgekocht. Die Hauptnahrung der Pferde auf Java ist, wie die der Eingeborenen, Reis, welcher hier 1 bis 1 1/2 Kopeken das Pfund kostet. Außerdem bekommen sie frisches Gras ad libitum. In Krankheitsfällen giebt man ihnen Bambusblätter. Die Poststationen, welche in einer Entfernung von 10 bis 15 Werst von einander angelegt, sind alle nach demselben Style gebaut, d.h. man findet weiter nichts als ein auf Pfosten ruhendes Dachpfannendach über den Weg gebaut. Im Schatten desselben hält die Kutsche. Zu beiden Seiten stehen die Pferdeställe, gleichfalls nur aus einem Dache bestehend, welches die Thiere vor Sonne und Regen schützt. Letztere stehen auf einem Bretterboden, der sich zwei Fuß über dem Erdboden erhebt, und darunter fließt frisches Wasser, woran es auf Java nirgends mangelt. Außer dem auf dem Bocke sitzenden Kutscher begleiten uns die sogenannten *Looper*, für jedes Paar Pferde einer, welche, abwechselnd mit langen Peitschen neben den Pferden herlaufen und dieselben durch Worte und Hiebe antreiben. Unser Wagen war auf der langen Reise wiederholt mit Bambus und Rotang geflickt worden, und langte verbunden und geschient, wie ein alter Invalide, in Buitenzorg an, doch schien er mir jetzt dauerhafter zu sein, als bei unserer Abreise. Man reist kaum in Europa so angenehm und bequem, als auf Java (NB. wenn man ein Empfehlungsschreiben an den Generalgouverneur hat und die Reise nichts kostet). Die Holländer, denen man in den Städten und im Innern begegnet, so grob und brutal sie sich meistentheils unter einander behandeln, sind gegen Fremde außerordentlich liebenswürdig und gastfrei. Französisch oder deutsch wird selbst von Leuten der weniger gebildeten Klasse meist verstanden, so daß man mit der Sprache nicht in Verlegenheit kommt. Außerdem ist das Holländische dem Deutschen so ähnlich, daß ich fast allen holländisch geführten Gesprächen folgen kann. Schwer ist es jedoch, oder ganz unmöglich für den Fremden, Java ohne Dollmetscher für die Sprache der Eingeborenen zu bereisen. Denn diese sprechen keine europäische Sprache, und jeder der hier wohnenden Europäer lernt die Landessprachen. Da die Zahl der Holländer auf Java verschwindend klein ist gegen die der Eingeborenen (15,000 gegen 15 Millionen), so hat man es auf Reisen meist immer mit den letzteren zu thun. Mein Begleiter, Dr. Scheffer, spricht, obgleich er erst vier Jahre auf Java ist, alle hier üblichen Landessprachen sehr geläufig. Auf Java wurden ursprünglich nur zwei Sprachen gesprochen, die Sundasprache im westlichen Theile von Java, das Javanesische im östlichen, im eigentlichen Java. Wir beziehen den Namen Java immer auf die ganze Insel, doch die hier wohnenden Holländer verstehen, dem Beispiele der Eingeborenen folgend, unter Java immer nur die östliche Hälfte, und nennen die westliche, auf welcher Batavia liegt, Sunda. Als die Holländer vor mehr als 250 Jahren auf Java festen Fuß faßten, führten sie das Malayische als Geschäfts- und officielle Sprache ein. Diese Sprache spielt im indischen Archipel ungefähr dieselbe Rolle, als in Europa die französische, und in den Hafenstädten Javas hört man fast nur malayisch mit den Eingeborenen sprechen. Die Eingeborenen Javas, mit denen ich in Berührung gekommen, sind mir als intelligentes, gutmüthiges Volk erschienen. Sie sind außerdem arbeitsam und leiden keinen Mangel. Übrigens sind auch hier die Bedürfnisse des Volkes so gering und die Lebensmittel so billig, daß ein Arbeiter kaum einige Kopeken zu seinem täglichen Unterhalte braucht. Verbrechen kommen unter ihnen fast gar nicht vor. Daß die holländische Regierung, seit sie Java besitzt, nicht allein für ihren Gewinn gearbeitet hat, sondern auch für das Wohl der Eingeborenen sorgt, erhellt aus dem Umstande, daß die eingeborene Bevölkerung in rapider Zunahme begriffen ist. Gegenwärtig rechnet man auf Java ungefähr 15 Millionen Eingeborene. Diese Bevölkerung ist jedoch noch viel zu gering für diese große fruchtbare Insel (1700 Quadratmeilen). Nur ein Drittel von Java ist bis jetzt unter Cultur, zwei Drittel meist des fruchtbarsten Landes sind noch von undurchdringlichen Urwäldern bedeckt. Es fehlt an Menschenhänden, um den Boden, der überall außerordentlich fruchtbar, von unerschöpflichen Humusmassen überzogen ist, in noch größerer Ausdehnung urbar zu machen. Denn in diesen heißen Gegenden kann nur der Eingeborene arbeiten, der Europäer darf sich ohne Gefahr für sein Leben keiner großen körperlichen Anstrengung hingeben. Mancher Naturforscher und Jäger hat schon hier anstrengende Märsche in den Urwäldern mit dem Leben bezahlt.

Nach beinahe 14tägiger Abwesenheit, während welcher wir gegen 700 Werst theils zu Wagen, theils zu Pferde zurückgelegt, langten wir wieder in Buitenzorg an, wo ich noch acht Tage verweilte und meine Promenaden im botanischen Garten wieder aufnahm. Außerdem machte ich noch mehrere kleine Ausflüge mit meinen Freunden in die Nachbarschaft, welche ich hier nicht näher erwähnen kann. Ich habe von Java so viel gesehen, als man überhaupt in der kurzen Zeit von vier Wochen sehen kann. Die Zeit war genügend, um mir unter den obwaltenden günstigen Umständen ein klares Bild von dieser reizenden Insel zu geben. Ich habe in Buitenzorg die Bekanntschaft des talentvollen Malers Raven Saleh[136] gemacht, welcher namentlich in tropischen Landschaften und Jagdstücken Meister ist. Er stammt von einem alten javanesischen Fürstenhause ab und hat sich behufs seiner künstlerischen Ausbildung während der Vierziger Jahre längere Zeit in Europa aufgehalten, namentlich in Paris, wo er Louis Philippe vorgestellt wurde. Dort schloß er auch eine enge Freundschaft mit dem bekannten Romanschreiber Eugène Sue. *Der ewige Jude*, einer der bedeutendsten Romane des Letzteren, ist bekannt genug. Man wird sich der poetischen Beschreibung von Java, wo sich ein Theil des Romans abwickelt, erinnern. Eugène Sue war niemals auf Java, sondern alle die blumenreichen Schilderungen sind nach Raven Salehs Erzählungen entworfen, und der javanische Prinz Djalma soll das Porträt dieses Malers sein, welcher noch jetzt, obgleich er beinahe 50 Jahre zählt, ein schöner Mann genannt werden kann. Er spricht geläufig holländisch, französisch und auch deutsch, denn er lebte längere Zeit am Hofe eines der kleinen deutschen Fürsten [Herzog Ernst II. von Sachsen-Coburg-Gotha].

Nachdem ich noch einige Male beim Generalgouverneur dinirt und einer feierlichen Reception der Société von Buitenzorg und Batavia beigewohnt, wie sie der Generalgouverneur monatlich einmal giebt, nachdem ich darauf meinen stark durchschwitzten Tuchfrack mehrere Tage lang an der Sonne getrocknet, schickte ich mich zur Rückreise nach Batavia an, um von dort meine Reise nach Singapore und China weiter fortzusetzen. Der Generalgouverneur gab mir wiederum seine Equipage, um nach Batavia zu fahren, und die Reise dahin wurde, um Zeit zu sparen und die Hitze zu vermeiden, in der Nacht gemacht, und zwar bei Fackelbeleuchtung, wobei jeder der oben erwähnten *Looper* mit einer helleuchtenden Fackel versehen war. Die tropische Vegetation bei Fackelschein gewährt ein prachtvolles, großartiges Schauspiel.

---

136   Raden Saleh (1811–1880), javanischer Prinz und Maler. Er gilt als Vater der modernen indonesischen Malerei. Vgl. Werner Kraus: *Raden Saleh – Ein Malerleben zwischen zwei Welten.* Maxen: Niggemann & Simon, 2004. 28 S.

Porträt des Malers Raden Saleh
Friedrich Albert Carl Scheuel zugeschrieben, um 1840.
(Rijksmuseum, Amsterdam)

In Batavia brachte ich zwei Tage zu und genoß den freundlichsten Empfang von Seiten des dortigen Residenten (Gouverneur) van Hoogeveen. Bei meiner Abreise schenkte er mir eine gewaltige Muschel aus den hiesigen Meeren, welche ich in seinem Garten bewundert, wo mehr als dreißig dieser Art herumlagen. Ich bin hoch erfreut über dieses Präsent, finde nur einige Schwierigkeiten, es mit mir zu führen. Obgleich ich nur die eine Schale der Muschel mitnahm, so brauche ich doch vier Menschen, um sie von der Stelle

zu bewegen, denn sie ist 4 Fuß lang, 2 1/2 Fuß breit und sehr massiv. Man
kann zur Noth ein Bad darin nehmen. Das darin lebende Thier besitzt eine
ungeheuere Kraft, denn es muß zwei solcher Schalen, in welchen es lebt, mit
sich fortschleppen. Nach den kühlen Gebirgsgegenden, die ich besucht, fand
ich die Temperatur in Batavia sehr heiß und paßte mich mit Wohlbehagen der
holländischen Sitte an, den ganzen Tag bis Sonnenuntergang barfuß umher-
zugehen und auf meinen Körper höchstens ein Pfund an Kleidungsstücken zu
tragen. Es ist eine merkwürdige Erscheinung auf Java, daß die neu Ankommen-
den die Hitze weniger empfinden, als die, welche dort schon längere Zeit gelebt.
Alle Europäer klagen über den erschlaffenden und alle Energie tödtenden
Einfluß des ewig heißen Klimas, dennoch sind alle Holländer, welche in
niederländisch Indien dienen, gezwungen, 20 Jahre dort auszuhalten, und zwar
ohne Urlaub während dieser langen Zeit, nach deren Ablauf sie eine mäßige
Pension erhalten.

Derselbe kleine Dampfer, welcher mich vor mehr als 4 Wochen von der
Rhede von Batavia ans Land brachte, führte mich gestern zurück zu demselben
französischen Postdampfer „Newa", auf welchem ich die Reise von Singapore
nach Batavia gemacht. Die Anker werden gelichtet, die Schraube beginnt ihre
zitternde Bewegung. Noch zeichnen sich die Berge Javas deutlich am klaren
Morgenhimmel ab, doch bald verschwinden sie im fernen Nebel, und das
blumenduftige Java mit seinen jungfräulichen Wäldern taucht unter in die
blauen Fluthen des Oceans, während wir uns wiederum der nördlichen
Hemisphäre der Erdkugel zuwenden.

Auf hoher See im Golf von Chili (China), 29. April 1872
Die Aufzeichnungen meiner Reiseerlebnisse, welche ich seit mehr als vier
Monaten in müßigen Augenblicken successive niederschrieb, haben eine
längere Unterbrechung erfahren. Es ist beinahe ein Monat verflossen, seit ich
zum letzten Male und noch aus dem indischen Archipel schrieb. Unterdessen
bin ich schon wieder weit nach Norden hinaufgelangt und schwimme jetzt in
dem nördlichen Theile der chinesischen Gewässer. Die Sonne brennt nicht
mehr so heiß und hat wieder mehr den Charakter einer nordischen Frühlings-
sonne angenommen. Die letzten vier Wochen habe ich größtentheils auf der
See, und meist einer sturmbewegten, zugebracht. Deshalb mußte ich auch auf
das Briefschreiben, welches ich immer gern während der Überfahrt abmache,
verzichten; denn bei heftigem Sturme kann man kaum seinen eigenen Körper
im Gleichgewicht erhalten, geschweige denn es wagen, ein Tintenfaß zu öffnen
und Schreibmaterialien zu entfalten.

Ich schrieb bereits, daß ich mich nach mehr als vierwöchentlichem
Aufenthalt auf Java wiederum nach Singapore einschiffte, welchen Ort wir
auch am 5. April Morgens erreichten. Ich hatte die Absicht, meine Reise sogleich auf dem an das Dampfschiff aus Batavia anschließenden französischen

Postdampfer nach China fortzusetzen, doch der letztere verließ nach Empfang der Postsäcke aus Java sofort den Hafen, und ich fand nicht genügende Zeit, um mein beim russischen Consul zurückgelassenes schweres Gepäck, welches sich ungefähr 10 Werst vom Landungsplatze befand, abzuholen. Doch dieser Umstand verzögerte meine Weiterreise kaum. Denn in Singapore braucht man nie lange auf Reisegelegenheit nach China zu warten, fast täglich passiren hier Dampfer aus England oder von einem der indischen Häfen, welche nach China destinirt sind. Es werden sogar in nächster Zeit zwei russische Dampfer aus Odessa erwartet, welche russischen Thee aus China direct durch den Suezcanal nach Odessa bringen sollen. Alle nach Ostasien bestimmten Dampfer, welche jetzt ohne Ausnahme durch den Suezcanal gehen, müssen Singapore berühren und legen hier an. Der Hafen, beschützt durch eine Menge kleinerer Inseln, gehört zu den besten und schönsten der Welt, um so mehr, da man an diesen Gestaden keinen Sturm kennt. So wurde es mir denn auch nicht schwer, sogleich einen großen englischen Dampfer aus Bombay im Hafen zu entdecken, welcher für den Abend desselben Tages seine Anreise nach Hongkong und Shanghai ankündigte. Ich hatte genügend Zeit, meinen alten Freund Whampoa (den russischen Consul), von welchem ich bereits öfter geschrieben, zu besuchen, noch einmal in den schattigen Alleen seines Zaubergartens zu lustwandeln und mich dann mit meinem Gepäck an Bord des „Deccan" zu begeben. Letzterer gehört zu den kolossalsten Dampfern, welche hier in diesen Meeren fahren. Er ist 220 Schritt lang und hat Unterkommen für 200 Passagiere erster Klasse. Merkwürdiger Weise jedoch führte er dieses Mal nur zwei Passagiere, außer mir noch einen Bankier aus Bombay. Die Überfahrt nach Hongkong, welche sieben Tage in Anspruch nahm, gehört nicht zu den angenehmsten meiner Reisen. Bald haben wir den Archipel mit den lieblichen Inselgruppen verlassen, und die tiefblauen, nie vom Sturme bewegten Fluthen zwischen ihnen, nach einigen Stunden wird die Südostspitze der Halbinsel Malacca umschifft, und uns nach Norden wendend, gelangen wir in das große weite Meer, welches die Küsten Ostasiens bespült und bei den Seefahrern unter dem Namen der chinesischen See bekannt ist. Ein heftiger Nordost, Monsoon, wie er hier regelmäßig von October bis April bläst, bewegt die großen Wassermassen und sendet, hoch sich aufthürmend, Wellen gegen das Schiff, welches wie ein Federball auf den wüthenden Wogen tanzt. Selbst wenn man nicht der Seekrankheit unterworfen, ist die Schiffahrt auf stürmischer See sehr ungemüthlich. Bei der stets wechselnden Lage des Körperschwerpunktes wird man bei jedem Versuche der Ortsbewegung von einem Winkel in den anderen geworfen und hat oft selbst Mühe, sich auf seinem Sitze zu behaupten. Das Einnehmen der Mahlzeiten wird sehr beschwerlich, und trotz aller Vorsichtsmaßregeln ergießen sich Suppe, Bratensauce reichlich über die Kleider der Speisenden. Für die Nacht muß man, um nicht aus dem Bette zu fallen, die Schlafstelle an der offenen Seite mit hohen Brettern versehen und den Köper fest mit Kissen abstützen. Ich fühle mich dabei immer ungefähr so wie ein silberner Löffel im Etui. Bei starkem Sturme ist das Schwanken auf großen Schiffen bedeutender als auf kleineren. Die schwankenden Bewegungen kehren zwar auf jenem seltener wieder, doch sind sie dafür viel ergiebiger, als bei kleinen Fahrzeugen. Außer einigen kleinen Inseln, die wir am Tage nach unserer Abreise sahen, ist auf der ganzen Reise bis Hongkong kein Land sichtbar. Nach beinahe sechstägigem Sturme beruhigt sich das Meer endlich, und unser Dampfer gleitet zuletzt fast ohne Widerstand über die glatte Wasserfläche dahin. Der schöne Vollmond scheint Vater Neptun besänftigt zu haben. Mit magischem Lichte übergießt er Nachts die beruhigten Fluthen. Zum vierten Male, seit ich Europa verlassen, wiederholt sich für mich dieses herrliche Schauspiel des Vollmondes in den südlichen Meeren. Das erste Land, welches wir zu Gesicht bekommen, ist die Inselgruppe an der Mündung des Kantonflusses. Es sind fast lauter Felseneilande, nackt oder mit spärlicher Vegetation, merkwürdig contrastirend mit den schön bewaldeten Inseln des Archipels, die ich vor einer Woche verlassen. Wir fahren nahe der Insel Makao vorbei, wo die Portugiesen seit 300 Jahren eine Niederlassung haben, und gelangen dann nach einigen Stunden zur Insel Hongkong, die seit dem Jahre 1842 englisches Eigenthum ist, Sie liegt unter dem 22. Breitengrade auf der Grenze der Tropen, ist durchweg gebirgig, etwa 15 Werst lang und vom Festlande durch eine etwa eine Werst breite sehr tiefe Wasserstraße getrennt. Hier befindet sich der Hafen, einer der vortrefflichsten der Welt, von allen Seiten durch das Festland oder Inseln geschützt. Hongkong ist einer der wichtigsten Handelsplätze in Ostasien. Schiffe von jeder Größe können hier ankern und unzählige Flaggen aller Nationen sieht man hier zu jeder Zeit wehen. Die Hauptstadt der Insel heißt Victoria, doch ist dieser Name wenig gebräuchlich und dieser wichtige Handelsplatz wird im Handel immer mit dem chinesischen Namen der Insel, Hongkong, bezeichnet. Noch vor 30 Jahren standen nur einige ärmliche Fischerhütten an der Stelle, wo sich jetzt eine schöne Stadt am Fuße des Berges hinzieht, welcher die ganze Insel einnimmt. Die Stadt ist mehrere erst lang und terrassenförmig steigen Häuser und Gärten an den Felsen hinauf. Nur auf dem Quai kann man mit Wagen fahren, die übrigen Straßen, welche steil bergan gehen, sind nur für Fußgänger praktikabel, und deshalb ist die gebräuchliche Equipage für Europäer in Hongkong ein Tragsessel, der von zwei Chinesen getragen wird. Hongkong hat jetzt etwa 130,000 Einwohner, wovon jedoch nur gegen 2000 Europäer sind. Der Dampfer, welcher mich nach Hongkong gebracht, bleibt dort eine Woche und setzt dann die Reise weiter nach Shanghai fort, was mir ganz gelegen ist. In Hongkong selbst verweilte ich nur zwei Tage, doch dieser kurze Aufenthalt wurde mir sehr angenehm gemacht durch die Bekanntschaft des Herrn E. Behre, Chefs der großen Firma Bourjon, Hübner & Comp., eines der liebenswürdigsten Menschen, denen ich auf meinen Reisen begegnete. Er hat mir sehr viele Freundlichkeiten erwiesen und mich Alles sehen lassen, was Hongkong Merkwürdiges bietet. Er ist ein Bruder des wohlbekannten Buchhändlers in Mitau.[137] Die deutsche Nation ist in Hongkong, wie überhaupt in China, recht zahlreich vertreten; es sind meist Hamburger Häuser. Es giebt in Hongkong sogar einen deutschen Club. Nach langer Zeit konnte ich mir wieder einmal den Genuß gewähren, gutes Bier zu trinken, denn nur wo es Deutsche giebt, findet man solches. Bier giebt es zwar überall in Asien, doch da wo Engländer sind, immer nur deren abscheuliches Pale Ale, nach dessen Genuß ich mich immer wie vergiftet fühle. Die übrige Zeit meines siebentägigen Aufenthaltes in Südchina brachte ich bei Dr. Hance[138], dem englischen Consul in Whampoa, zu, einem wissenschaftlichen Freunde, mit dem ich seit langer Zeit in Correspondenz stehe, dessen persönliche Bekanntschaft ich jedoch erst jetzt gemacht. Dr. Hance ist ein ausgezeichneter Botaniker, wohlbekannt den Naturforschern Europas. Er hat sich sehr verdient gemacht um die Kenntniß der Flora Chinas, die er seit 25 Jahren erforscht. Die Engländer haben hier in China unter ihren Consuln noch einen anderen Naturforscher, dessen Name den Gelehrten Europas nicht fremd ist, nämlich Swinhoe[139], der vorzüglich die Fauna von Formosa erforscht hat. Whampoa ist eine kleine Insel im Kantonflusse, 15 Werst von Kanton, stromabwärts. Nur bis hierher ist der Fluß für große Schiffe schiffbar, und die Waaren, die aus Kanton kommen, oder dorthin gehen, müssen hier gewöhnlich umgeladen werden. Lange Jahre hindurch befand sich das englische Consulat hierselbst auf einem alten im Flusse stationierten Kriegsschiffe, doch seit dem letzten Kriege haben die Chinesen eine Insel für das Consulat eingeräumt. Ich verbrachte im englischen Consulate einige sehr angenehme Tage. Die Communication zwischen Hongkong, Makao, Whampoa, Kanton wird täglich regelmäßig durch kleine Dampfschiffe unterhalten, welche von Hongkong bis Kanton 6 bis 7 Stunden brauchen. Die Reise geht immer zwischen zahlreichen Inseln, die theils vor der Mündung des Kantonflusses, theils im Flusse selbst liegen. Von Whampoa aus stattete ich auch der weltberühmten chinesischen Stadt Kanton einen Besuch ab, deren Einwohnerzahl auf eine Million geschätzt wird. Die Menschenmasse, die sich dort in den Straßen und auf dem Wasser bewegt, ist in der That enorm. In keiner Stadt Europas kann man eine solche Menschenfluctuation wahrnehmen.

---

137 Erich Behre wurde durch die Ausgabe von Turgenevs *Ausgewählten Werken* 1869–1884 bekannt. War er mit dem Hamburger Export-Buchhändler Conrad Behre (1819–1902) verwandt?

138 Henry Fletcher Hance (1827–1886), britischer Diplomat und Botaniker. 1861 wurde er Vizekonsul in Whampoa (Guangzhou), 1878–1885 Konsul. Seine botanischen Leistungen hat Bretschneider in *History of European botanical discoveries in China* 1898, S. 632–652, verzeichnet.

139 Robert Swinhoe (1836–1877), britischer Konsul (1854–1873) und Zoologe, besonders Ornithologe. Viele der von ihm gesammelten Vögel wurden von John Gould in seinen *Birds of Asia*, London: Gould 1850–1883, beschrieben. Vgl. Philip B. Hall: Robert Swinhoe. A Victorian naturalist in treatyport China. *The Geographic Journal* 153.1987, 37–47.

Trotzdem daß die Chinesen aus Kanton jährlich in großer Menge auswandern, theils nach anderen asiatischen Länden, theils nach Amerika, so ist doch noch immer die Urbevölkerung so bedeutend, daß ein großer Theil der Einwohner gezwungen ist, ihr ganzes Leben auf Böten zuzubringen. Man kann bei Kanton das Wasser des Flusses, der hier recht breit, gar nicht entdecken, denn unzählige Böte nehmen die ganze Wasserfläche ein. Ich kann mich nicht darauf einlassen, alle die Merkwürdigkeiten von Kanton zu beschreiben und was man dort auf den Straßen sieht. Das Chinesenthum ist so verschieden von unseren europäischen Dingen, daß es unmöglich ist, dasselbe in wenigen Worten zu skizziren. Europäer giebt es nur wenige in Kanton, einige Handelsfirmen und die Consulate der meisten europäischen Nationen, Alle haben sich gesondert von der Chinesenstadt auf einer Insel im Flusse angesiedelt. – Nachdem ich nach Hongkong zurückgekehrt, bestieg ich wieder meinen Dampfer, und wir dampften am 18. April nach Shanghai ab. Dieses Mal waren mehr als 20 europäische Passagiere an Bord. Die Überfahrt nach Shanghai dauert 4 Tage. Man bleibt immer ziemlich nahe der Küste. In der Straße von Formosa, durch welche der Weg führt, weht ein heftiger Nordwind. In den Meerengen giebt es meistentheils stürmisches Wetter.

Bei uns in Europa bietet der Canal zwischen England und Frankreich einen Beleg dafür. In Hongkong fand ich es noch recht heiß, doch schon am zweiten Tage unserer Reise mußte ich meine Winterkleider hervorsuchen, denn die Luft wurde empfindlich kalt, trotzdem daß wir unter den Breitegraden von Egypten schwammen. Das nördliche und mittlere China haben ein excessives Klima, d.h. es ist bis zum Mai kalt und im Sommer herrscht eine Hitze, welche die der Tropen häufig übertrifft. Die Schiffahrt an der chinesischen Küste ist nicht ganz ohne Gefahr, indem es dort viele submarine Felsen giebt, welche noch durchaus nicht alle auf den Seekarten verzeichnet sind. Fast in jedem Jahre entdecken die Schiffe solche neue verborgene Felsen und bezahlen diese Entdeckung häufig theuer, wenn sie unversehens darauf rennen. Wir waren so glücklich, keinen neuen unterseeischen Felsen zu entdecken und erreichten ohne Unfall die Mündung des Yang-tse-kiang, des Königs unter den Strömen Asiens. Die Küste war in dichten Nebel gehüllt, doch schon lange bevor wir die Mündung erreicht, zeigt uns das schmutzig gelbliche Wasser an, daß hier dieser große Strom seine Wassermassen, getrübt von Lehm und Gerölle, in den Ocean ausspeit. Daher führt auch dieser Theil der chinesischen See den Namen der gelben See. Nebel gehören in diesen Gegenden nicht zu den Seltenheiten und verhindern die Schiffe häufig, in den Fluß einzulaufen. Oft müssen sie Tage lang hier vor Anker liegen, weil sie das die Fahrstraße anzeigende Leuchtschiff nicht sehen können. Das Fahrwasser ist zwar tief und für die größten Schiffe zugänglich, aber ziemlich eng. Nachdem auch wir für einige Stunden in dem schmutzigen Wasser geankert, vertheilt sich plötzlich der Nebel, wir entdecken ganz nahe das Leuchtschiff und die flache chinesische Küste im Hintergrunde. In unserer Nähe erblicken wir eine große Anzahl von Dampfern und Segelschiffen. Alle befanden sich in demselben Falle als wir und Alles lichtet nun die Anker. Der Yang-tse-kiang ist an seinem Ausflusse ungeheuer breit und mehr einem Meerbusen ähnlich, denn einem Flusse. In der Mitte liegt eine große Insel. Dicht an seinem Ausflusse ergießt sich von Süden her in ihn der Wusung, ein kurzer, aber breiter und tiefer Strom. An diesem liegt, etwa 40 Werst stromaufwärts, Shanghai, eine der größten Handelsstädte der Welt, der wichtigste Ort für den europäisch-chinesischen Handel, denn Shanghai ist durch ein großartiges Fluß- und Canalsystem mit den reichsten Provinzen Chinas verbunden. Die größten Schiffe können mit ihren Ladungen bis nach Shanghai hinaufgehen. Die Europäer, welche hier in der Anzahl von ungefähr 2000 wohnen, haben seit den letzten 30 Jahren, seit Shanghai dem europäischen Handel geöffnet worden, sich eine hübsche europäische Stadt gebaut, vollständig getrennt von den Chinesen. Mehr als eine Werst lang zieht sich ein schöner breiter Quai am Flußufer hin mit palastartigen Gebäuden, meist reichen englischen oder amerikanischen Handelshäusern, oder den verschiedenen Consulaten angehörend. Der Quai ist mit schönen Bäumen bepflanzt, unter welchen namentlich stattliche Palmen auffallen. Es ist das in Mittelchina so häufig anzutreffende *Chamaerops Fortuni*[140] oder Hanf-palme, so genannt, weil die Chinesen aus den Fasern der Blattscheiden Kleiderstoffe verfertigen. Diese schönen Bäume stehen jetzt gerade in voller Blüthe und ihre compacten Blüthensträuße sehen Fischrogen nicht unähnlich. In Shanghai hielt ich mich nur zwei Tage lang auf. Man findet mehrmals in der Woche Reisegelegenheit nach Tientsin, dem Hafen von Peking. Zwei Dampfschiffgesellschaften, eine englische und eine amerikanische, schicken mit Ausnahme von zwei bis drei Monaten im Winter, wo der Fluß in Tientsin gefroren, das ganze Jahr hindurch Dampfschiffe dorthin, die namentlich mit Opium und groben Baumwollstoffen befrachtet werden, welche letztere die Engländer in unglaublichen Massen an die Völker Asiens absetzen. Obgleich in ganz Mittel- und Südasien Baumwolle in großem Maßstabe gebaut wird, so können die asiatischen Völker, da sie ihre Stoffe nur mit Handarbeit anzufertigen verstehen, die Baumwollstoffe, die sie zu ihrer Kleidung bedürfen, nicht so billig stellen, als sie ihnen von den Engländern verkauft werden. Das erscheint um so wunderbarer, wenn man bedenkt, daß die Fabriken Englands ihre rohe Baumwolle zum größten Theil aus denselben Ländern beziehen, wohin sie die fertigen Stoffe verkaufen. Auf einem solchen mit Baumwolle und Opium beladenen Dampfer von mittlerer Größe schiffte ich mich denn nach Tientsin ein. Wir fahren den Wusung hinunter bis ins offene Meer. Es ist gerade ein Jahr her, daß ich von Shanghai denselben Weg hinunterfuhr, doch damals steuerte der Dampfer nach Osten, nach Japan und über den Stillen

---

140   *Chamaerops Fortunei* Hook., Familie Arecaceae.

Ocean hinüber nach San Francisco. Jetzt wenden wir uns nach Norden und steuern auf das Vorgebirge los, in welches die große Halbinsel Shantung ausläuft, die östlichste Spitze von China. Das Wetter ist schön, das Meer ruhig. Nach zweitägiger Fahrt doubliren wir dieses Cap und fahren, uns nach Westen wendend, in den Golf von Chili (sprich tschili, fälschlich auf allen unseren Karten Petschili genannt) ein. An der Nordküste der Shantunghalbinsel liegt der Hafen Chefoo (Tschifu). wo wir für einige Stunden ankern. Es ist dies einer der zwölf Häfen Chinas, welche dem europäischen Handel geöffnet sind, und daher findet sich auch hier eine europäische Colonie, aus Kaufleuten und verschiedenen Consulatspersonen bestehend. Im Sommer, wenn in der Pekinger Ebene die Hitze unerträglich wird, siedelt ein Theil der europäischen Gesellschaft aus Peking, namentlich der mit Familien behaftete, für einige Wochen nach Chefoo über, wo die Luft durch beständige Seebrisen abgekühlt wird und wo man erquickende Seebäder nehmen kann. Auch aus Shanghai kommen viele europäische Familien herüber, um dort den Sommer zuzubringen.

Auf dem Peiho, zwischen Tientsin und Peking, 6. Mai 1872.
Die Reise von Chefoo bis zur Mündung des Peiho nimmt ungefähr 24 Stunden in Anspruch, nach welcher Zeit man die chinesischen Forts von Taku an der Mündung dieses Flusses erblicken kann. Sie bilden die einzigen prominirenden Gegenstände an dieser rostlosen, flachen, sandigen Küste. Das Einfahren in den Fluß und das Gelangen von den Takuforts nach Tientsin, auf dem Landwege nur 60 Werst, ist mit einigen Schwierigkeiten verbunden. Große Schiffe können nach Tientsin nicht hinauffahren und auch kleinere nicht zu jeder Zeit; es muß auf die Fluth gewartet werden. So lagen auch wir mehrere Stunden etwa 7 Werst von der Küste vor Anker und der Capitain schaute mit dem Fernrohr nach den Signalen am Festlande, welche das allmähliche Steigen der Fluth anzeigen. Vor uns liegt zunächst eine weite Sandbank, die Barre, welche zur Zeit der Ebbe nur 5 bis 6 Fuß Wasser über sich hat; unser Schiff aber braucht 10 Fuß. Endlich telegraphirt das Signal diese Zahl, wir passiren die Barre und fahren zwischen den beiden Forts in den Fluß hinein, der hier etwa so breit ist, als die Aa bei Mitau. Doch bald darauf geht die Sonne unter und wir müssen wiederum ankern, denn die Fahrt auf dem Flusse ist wegen der vielen Biegungen und der unzähligen chinesischen Barken, die man auf dem Wege trifft, schwierig. Am nächsten Morgen erreichen wir Tientsin oder vielmehr Dse-chu-lin, den Ort, wo sich die europäische Colonie der großen chinesischen Hafenstadt Tientsin niedergelassen. Es giebt in Tientsin etwa 60 bis 80 Europäer, und diese wohnen größtentheils alle hier beisammen in hübschen, in europäischem Style gebauten Häusern. Die Dampfschiffe gehen nur bis hierher den Fluß hinauf. Das eigentliche Tientsin, dieser große chinesische Handelsplatz, der wohl eine halbe Million Einwohner zählt,

beginnt erst 4 Werst stromaufwärts. Tientsin ist von der Residenz auf dem Landwege 120 Werst entfernt, der Wasserweg jedoch beträgt 180 Werst. Man zieht gewöhnlich die Bootfahrt obgleich sie 3 bis 5 Tage in Anspruch nimmt, der Fahrt im zweirädrigen chinesischen Karren, welche nur 2 Tage dauert, der Bequemlichkeit wegen vor. Eine solche Karrenfahrt auf den holprigen, nie reparirten Wegen ist eine förmliche Tortur für einen Europäer, der nicht gewohnt ist, auf seinen gekreuzten Beinen zu sitzen, denn Sitze haben die chinesischen Fuhrwerke nicht; man sitzt im Karren auf einer nach hinten abschüssigen schiefen Ebene. Auf den Flußböten dagegen fühlt man sich sehr bequem. Ein solches Boot ist ungefähr 20 Schritte lang, hat in der Mitte eine überdachte Kajüte und außerdem Raum für viel Gepäck. Das Fahrzeug wird von drei bis vier chinesischen Bootsleuten in Bewegung gesetzt. Nach einem Aufenthalte von zwei Tagen im gastfreien Hause des russischen General-consuls unternahm ich den letzten Abschnitt meiner Reise in Gesellschaft eines europäischen Freundes, der zufällig denselben Weg nach Peking zu machen hatte. Die kleine Flottille, auf welcher wir den Fluß hinauffahren, besteht aus drei Böten, von denen das dritte für Küche und Dienerschaft bestimmt ist. Meine Diener waren mir nach Tientsin entgegen geschickt worden. Bevor wir Tientsin verlassen, bietet die Bootfahrt große Schwierig-keiten. Der Strom ist zwar breit, jedoch ganz bedeckt von chinesischen Fahrzeugen aller Größen. Volle vier Stunden brauchten wir, um uns hindurchzuarbeiten, oft mußten wir lange warten, bis wir wieder etwas klares Wasser vor uns sehen konnten. Besonders schwierig ist die Passage an der Stelle, wo der große Kaisercanal, von Süden her kommend, in den Peiho ausmündet. Denn hier ist der Knotenpunkt des chinesischen Handelsverkehrs in Tientsin. Endlich gelangt man hinaus ins Freie. Wir begegnen zwar noch immer vielen Schiffen, doch weicht man sich ohne Schwierigkeiten aus und man kann es sogar wagen, eine frische Brise, wenn sie gerade günstig weht, in den aufgespannten Segeln aufzufangen. Meistentheils jedoch werden die Peihoböte von der Schiffsmannschaft vom Ufer aus an Stricken gezogen, und wo das Wasser nicht zu tief ist, wird vom Boote aus mit langen Bootshaken nachgeholfen. Die Gegend, durch welche man fährt, ist flach, entbehrt jedoch nicht landschaftlicher Reize. Man sieht mit frischem Grün bekleidete Felder, meist Weizen und Hirse, in denen schöne Baumgruppen eingestreut liegen. Meist sind das Kirchhöfe, welche der chinesischen Landschaft ein so charakteristisches Gepräge geben. Meist hat jede wohlhabende chinesische Familie ihren eigenen Begräbnißplatz, und immer sin schöne Parkanlagen oder Haine, gewöhnlich Cypressen oder Wachholderbäume, hier angepflanzt, zwischen deren dunklem Laube die weißen Grabdenkmäler hindurch-schimmern. Das chinesische Grabdenkmal hat in den meisten Fällen die Form einer kolossalen Schildkröte, welche auf ihrem Rücken eine große aufrecht-stehende Marmorplatte trägt mit langen Inschriften.

Peking, 10. Mai 1872

Nach dreitägiger Fahrt auf dem Peiho gelangten wir endlich nach Tungchow, einer Stadt zweiten Ranges, nur 20 Werst von der Residenz entfernt. Hier verlassen die aus Tientsin kommenden Reisenden gewöhnlich die Wasserstraße, denn der Peiho führt nicht nach Peking, sondern steht nur durch einen Canal mit der Hauptstadt in Verbindung. Man könnte zwar zu Boot bis an die Thore der Stadt fahren, doch nimmt eine solche Fahrt wegen der häufigen Schleusen einen ganzen Tag in Anspruch. Deshalb wir der Weg zwischen Tungchow und Peking gewöhnlich zu Pferde oder im Karren zurückgelegt. Auch ich hatte mir Pferde nach Tungchow kommen lassen, und nachdem ich mein Gepäck auf mehreren Schubkarren zur Beförderung untergebracht, setzte ich mich selbst nach der Residenz zu in Bewegung, und erblickte schon nach einigen Stunden deren langgedehnte Mauern mit ihren vielfenstrigen Thürmen. Bald zog ich ein durch eines der großen Thore, und die oft gesehenen Bilder des Pekinger Straßenlebens, zum Theil verhüllt durch die sprüchwörtlich gewordenen Pekinger Staubwolken, das Geschrei verschiedener Ausverkäufer und keifenden chinesischen Weiber, der Gestank von stagnirenden Canälen treffen gleichzeitig meine Sinne und veranlassen mich zu Betrachtungen über den unpassenden Namen des „himmlischen Reiches", welches, obgleich den Chinesen selbst unbekannt, doch Allen in Europa so geläufig ist. Endlich ist das europäische Quartal erreicht, ich schüttle in meiner alten Behausung den Reisestaub ab, und da sitze ich nach einjähriger Abwesenheit nun wieder unter dem Schutze meiner chinesischen Penaten, hinter mir ein vielbewegtes Wanderjahr voll der angenehmsten Rückerinnerungen aus den verschiedensten Zonen des Erdkreises – vor mir die uns Allen ungewisse Zukunft, doch wahrscheinlich lange Jahre eines ruhigen, einförmigen Lebens an jenen fernen Gestaden, wo der Wellenschlag des rastlosen Treibens westlicher Civilisation kaum vernehmbar.

Register

Abbildungsnachweis

3 Emil Bretschneider, Porträt zum Nachruf von I. Palibin in *Izvestija Imperatorskago Botaničeskago Sada* 1.1901, 163–173

55 Qutb Minar (Wikipedia, Creative Commons Licence)

59 Köhlers *Medizinal-Pflanzen in naturgetreuen Abbildungen mit kurz erläuterndem Text*. Gera: Köhler 1887–1898, Taf. 131: Tamarindus indica
68 Köhler, Taf. 116: Areca Catechu
70 Köhler, Taf. III, 34: Carica papaya
73 Rafflesia arnoldii - Wikipedia, Aufnahme auf Sumatra von Luke Triton, 2022.
76 Köhler, Taf. 104: Uncaria Gambir

95 Salak, von Buitenzorg. Aus: Ernst Haeckel: *Wanderbilder*. Gera: Köhler 1905.

105 Franz Wilhelm Junghuhn (1809–1864). Das Porträt stammt von Pieter Willem Marinus Trap, ca. 1850 (Lithographie)

112 Papandajan, Vulkan auf Java. Aus: Ernst Haeckel: *Wanderbilder*. Gera 1905.

114 Der Vulkan Tjikorai. Ernst Haeckel (*Aus Insulinde. Malayische Reisebriefe*. Bonn: Strauß 1901, 153)

119 Porträt des Malers Raden Saleh
Friedrich Albert Carl Scheuel zugeschrieben, um 1840.
(Rijksmuseum, Amsterdam)